愛家好男人的
美味食記

煮夫的道地中式家常菜，一桌子好料搞定全家人！

朱寶和

著

我喜歡吃，朱寶和也喜歡吃；
我懂得吃，朱寶和也懂得吃。

喜 歡吃，懂得吃的人很多，但是自己會做菜，而且還會說菜，那可就是一將難求，萬中選一了～而朱寶和，就是這樣的人！

就朱寶和而言，「吃」，不僅僅是填飽肚子、滿足食慾，或只是請客應酬這麼簡單的事；對朱寶和來說，「吃」是一種態度、一項藝術、一份責任和一輩子的思念和回憶～而這本書（不純然是「食譜」），寫的其實就是朱寶和的思念和回憶。

其實不只是他的思念和回憶，這本書應該也能勾起很多讀者的回憶～就像其中一道「八寶辣醬」，每每和出生在上海的岳父一起到台北市仁愛路圓環《春申食府》用餐時，「八寶辣醬」就是他必點的一道菜！

而另外一道「番茄炒蛋」，更是很多人從小到大，家中飯桌上常見的菜餚。就拿年逾半百的我來說，至今仍然覺得外頭餐館的「番茄炒蛋」，就是沒有我娘做的好吃！

基於在上海常住 20 幾年的體驗，朱寶和在這本書中，單單是「番茄炒蛋」這道家常菜，除了介紹兩岸不同的喜好和做法，也另外傳授讀者：「番茄炒蛋」要好吃，小秘訣就在於「熱鍋熱油，提鍋盛蛋要快速，而非一鏟一鏟免得變老；而番茄要炒得軟爛才能入味好吃」。

書中的每一道菜，作者都會把自身吃遍兩岸的親身經驗轉化成文字敘述的小祕訣，讓讀者在實作時可以少走冤枉路！

再例如「蛋炒飯」，雖然是中國人家家必備的通俗主食，但是作者仍然考慮到飲食喜好的不同，分別以「黃金蛋炒飯」和「台式蛋炒飯」兩個不同的篇章敘述，同時再以「煮夫的好吃秘訣」短短文字，提醒讀者掌握烹炒的訣竅。

這本書的篇章並非以傳統中國八大菜系來區隔，而是以「家常佳餚」、「主食料理」和「功夫大菜」三個部分，分別介紹了包含上海菜、廣東菜、台菜，甚至炸醬麵等北方麵點的各式菜餚。

在介紹每一道點心、主食或菜餚的敘述中，除了配合圖片說明食材準備、烹煮過程和工序，以及如何掌握好吃的訣竅外，也都述說著和不同家人親友的互動、愛心與思念。

您是否也有懷念的味道？思念的親人？抹不去的記憶？翻翻這本書吧～也許能從這裏面找到一些溫暖的回憶！

老實說，最初聽到爸爸準備要出書的時候我完全狀況外，後來得知書的內容是關於烹飪的，也就不再覺得奇怪了。

從小到大，我是出了名的挑食。可是，爸爸沒有強迫我去吃不喜歡的食物，而是開發或者改良他的食譜，讓我在家的每一頓飯都吃得很爽。爸爸把他絕大部分的業餘時間，都花在下廚燒菜和分享食譜上，我一度不太能理解，甚至認為燒菜是一件非常簡單的事情，直到看過這本書的內容才發現，爸爸的食譜是一門有關食材、火候、佐料比例的大學問。像是我不喜歡吃雞蛋，卻喜歡吃炒飯，爸爸為了我的營養著想還是加了蛋，卻用「神秘」的手段把蛋炒到看不見，於是我可以一個人吃掉一整鍋「蛋」炒飯。

我說得再好聽，你們也無法了解到爸爸廚房裡的「秘密」，還不如把這本書帶回家，自己親自動手做一做，嚐一嚐我喜歡的美味。總而言之，如果你也喜歡吃家常菜的話，就一定會喜歡這本書的！

Derek chu

吃過爸爸做的料理的人都知道，爸爸做的菜都是簡單、下飯的家常菜。 他沒有什麼高超的技術，只是憑著自己的感覺，用簡單、信手拈來的食材， 但又總能做出最美味的佳餚。

我住在美國四年，每天最想念的就是爸爸燒的菜。暑假回去的時候又懶，不願意跟他去買菜、跟他學做飯。在最近的一年間，爸爸開始記錄他做菜的過程，並且會上傳到粉絲頁「朱寶的盒子」，教大家一些可能平時不會注意到的 tips 和細節。這也讓我們在國外比較方便，只要在微信和 Facebook 上就能學會爸爸做菜的精髓。現在終於出書了，希望大家能跟我一樣，不用爸爸親自動手，就能吃到他的味道。

Krystee Lu

　　好了，這時候你可以開始找好用的工具了，正所謂「工欲善其事，必先利其器」，好的刀可以幫你省掉多少事，好的鍋子不會讓你擔心火候控制的不好，傳熱不均勻，或者沾鍋的痛苦。一把順手的鍋鏟可以保證你料理的食物，會按照你想要的方向前進。

　　而我不是大廚，需要的調味料其實很簡單。鹽、糖、醬油是必不可少，台灣燒菜用的醬油就一種，廣東人分了生抽與老抽，上海人紅燒有一種紅燒醬油，也是類似於老抽的作用，糖有白糖、紅糖、冰糖，一般炒菜都用白糖、紅糖。冰糖適合紅燒，比較掛的住在食材上，冰糖上色會更亮些。鹽本就是萬味之王，不過還是慎用，免得燒出來會想打死賣鹽的。太白粉（生粉）只在它需要的地方才會出現，很多人不太會用，那就建議只用玉米澱粉（也是生粉的一種）吧，比較不會出錯。

　　我不排斥味精、雞粉（精）一類的調味品，不過在家吃飯，講究的還是原汁原味，所以這在我的廚房是找不到的，我用糖代替了，所以糖對我來說有兩個用途，一是提鮮，再來才是增甜。對油的要求我不高，現在都是精製油，應該也吃不壞身體吧，所以我不會迷信一定要用橄欖油，進口油之類的高價油。沒有必要或者搞不清楚實際成份的添加劑我一概不用，再說一次，在家吃飯，就是要簡單，就是要原汁原味。

　　香料也是必要的，我愛用八角，一些香葉或者桂皮。在超市貨架上琳琅滿目的香料我實在不是很懂。黑白胡椒粉家裡總是常備，有畫龍點睛的功效。當然，只要做台灣菜，白胡椒粉、五香粉、油蔥酥、醬油膏之類的調味品就是必須的了。上海菜講的是濃油赤醬，老抽（紅燒醬油）也是不可少。為了燒川菜，家裡還是要有豆瓣醬、花椒、辣椒粉……，這都是要從善如流，否則憑你食神轉世，也燒不出它應該有的味道，因菜而異吧！

　　辣椒、大蒜的用法要注意，否則百菜一味的結果會讓人抓狂的。四川菜、湖南菜都辣，各各辣的不一樣，這就是本事。我所有菜都用醬油鹽糖燒出來的，每個味道都不同，也算小有本事啦！好了，準備差不多了，各位跟我一起下廚吧！

目錄
Contents

CHAPTER 1

煮夫料理大小事
料理工具一次備好，輕鬆就上手！

CHAPTER 2

家常佳餚
蘊含煮夫的酸甜苦辣，一吃就上癮！

CHAPTER 3　主食料理

一碗食堂的創意料理，美味又飽足！

CHAPTER 4　功夫大菜

匯集老上海的好味道，一解食鄉愁！

CHAPTER *1*

煮夫料理大小事

料理工具一次備好，輕鬆就上手！

■ 做菜好吃第 1 大事——常備 3 種調味料！
■ 做菜好吃第 2 大事——辛香料是靈魂！
■ 做菜好吃第 3 大事——鍋碗瓢盆要備好！

常備 3 種調味料，
鹹香濃淡全到味！

料理要做得好吃，首先要知道每道菜都有自己的個性（味道），酸甜苦辣各有特色，了解調味料的使用方法後，才能做出受歡迎的秒殺美食。但是調味料沒有大家想像的難，更沒有博大精深的學問。

我不喜歡複雜的調味料，單純提味就很好吃，因此我家裡瓶瓶罐罐並沒有想像中的多，我最推崇家裡必備 3 種調味料，就能變換出百道料理：

善用醬油，就能將料理勾勒出令人銷魂的美味！

光是醬油就分為「生抽（淡色醬油）」、「普通醬油」、「老抽（深色醬油）」、還有台灣愛用的醬油膏，香港人愛用的蠔油，都各有其特色：

1 —— **淡醬油**：顏色淺，一般都作為調味用，烹調或涼拌都適合，醬香味美。

2 —— **普通醬油**：有一定的鹹味，顏色也較深，很適合用來炒菜調味，也可以拿來燉滷等需長時間的料理，則能保持醬油氣。

3 —— **老抽**：老抽是加入了焦糖色、顏色很深，呈棕褐色有光澤的。吃到嘴裡後有種鮮美微甜的感覺。一般用來給食品著色用，比如做紅燒等需要上色的菜時使用比較好。

4 —— **醬油膏**：將醬油加入適量的糯米粉，有特別的風味，也可增加料理黏稠度，也適合當蘸醬或調味涼拌菜。

5 —— **蠔油**：用牡蠣熬製而成的調味料，味鮮濃香。

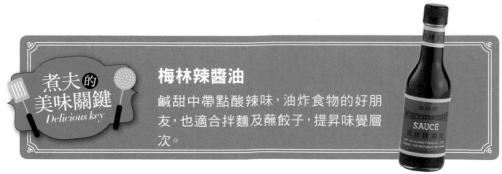

煮夫的 美味關鍵 Delicious key

梅林辣醬油
鹹甜中帶點酸辣味，油炸食物的好朋友，也適合拌麵及蘸餃子，提昇味覺層次。

推薦使用「瑞春醬油」調味料,瑞春醬油不只在品質及口味皆深獲消費者的喜愛及肯定,並在全國醬油市場上獨領風騷。

鹽之美味,撒鹽有技巧,畫龍點睛就靠這一味!

食鹽幾乎是每一道菜都必備的,但是撒鹽的時間和技法卻是很多新手料理人難以掌控,有時太早下鹽,味道會變苦,肉類會縮緊變得難咬,往往一道菜就毀在那一瞬間!

1 ——**撒鹽時間:**

烤、炸食物時→ 鹽可以伴著食物一起拌勻入鍋,讓食材更入味。

清蒸、熱炒類→ 要最後起鍋時下,能保持鹹味讓色澤保持鮮美。

2 ——**撒鹽技巧:**

最好不要拿量匙直接撒入鍋中,鹽會容易集中在一坨,這樣會讓味道無法均勻。

建議 2 大方法:

方法1 用手抓 1 小搓鹽,舉高往下均勻撒進鍋中。(很多大廚都是用這方法)

方法2 拿一小碗水放入食鹽,混勻後倒入鍋中拌勻。

糖的魔法,讓料理提鮮去油膩,越吃越「涮嘴」!

糖在中菜烹調最常見的 2 大類型有:冰糖、細糖。

1 ——**冰糖:**常見於滷、燉、紅燒等料理上,可以幫助食材上色,看起來更加油亮好吃。

2 ——**細糖:**與鹽一樣的功能,多用於調味與提鮮。

鎮江醋

中國四大名醋之一,鎮江醋為黑醋的一種,但因發酵時加入的穀物比較多,所以較黑醋有不同的香氣,聞起來很嗆鼻,但吃起來有股特殊風味。

辛香味是靈魂，
挑逗味蕾的好幫手！

　　我並不是嗜辣的人，但有些菜色適時加點辛香料，就能挑起刺激又過癮的味蕾。上海菜本身偏甜、醬濃，因此吃多會膩口，所以加點辣味，反而更下飯好吃。本單元，我要介紹自己愛用的3種辛香料，也提供大家使用。

辣豆瓣醬，鹹辣香之間挑動食慾！

　　做一些重口味的料理，比如麻婆豆腐、螞蟻上樹，我都喜歡加辣豆瓣醬，因為一種醬料就能符合夠鹹、夠辣、還有淡淡酒香，省去添加其他調味料的麻煩，尤其比例也是統一標準，不容易會出錯。

　　唯一不同的是，每家辣豆瓣醬的口味不同，有的較鹹、有的偏辣，如果已經有慣用的品牌，那就繼續使用。但如果你問我喜歡那一種，我會偏好「郫縣豆瓣」因為他鹹辣適中，口感特殊，很適合入菜。

素瓜仔肉，增添料理香氣！

　　「瑞春－素瓜仔肉」選用麵筋、香菇、蔭瓜，搭配壺底黑豆醬汁調製而成，添加於菜餚中或是拌麵皆能增添香氣。也非常適合用於此書的部份料理。

乾辣椒（宮保），小辣但能引出香氣！

　　紅色辣椒乾燥後製成，顏色較暗、香氣濃、辣味低，因含水量極低，適合長期保存。最出名的莫過於川菜「宮保雞丁」，書中我也運用乾辣椒主導多道辣味菜色，深層的辛辣感底蘊，在入口時爆發，辣而不刺，卻香溢滿嘴，實在是很有魅力的一種香料。

花椒，香麻滋味令人魂牽夢縈！

　　花椒入口麻、刺激，也是一味中藥，特殊風味讓入菜滋味更豐富，一般來說花椒入菜，可以直接放入，但容易咬到而被麻到，也可以包進紗布滷出香氣，味道更香。

鍋碗瓢盆要備齊，
不再兵荒馬亂！

菜刀準備多把，因應食材交換用！

菜刀是必備的，如果沒有時時磨刀霍霍，那麼鈍刀該如何把菜切細、肉切平整呢？一道菜零零落落如何勾引出大家的食慾，又該如何當個稱職的煮夫呢？

家用刀粗分為：剁刀、菜刀、水果刀；此外，還要分出熟食用、生食用，這是為了衛生著想。

炒菜鍋要大夠深，讓食材均勻加熱！

現代人很喜歡用平底鍋，但我偏好用炒鍋來炒菜，因為導熱慢不容易讓食材過熟，而且很耐用，通常一只可以用上 10 年，對於省吃儉用的煮夫很划算喔！

湯鍋各式各樣，各取所好即可！

　　湯鍋不論是尺寸、材質現在都已經進化都五花八門，尤其鑄鐵鍋、砂鍋等更是受人喜愛。至於好用與否，我不是鍋具專門家，我只就自己使用心得和大家分享。

鍋具種類	鑄鐵鍋	不鏽鋼鍋	砂鍋
保溫度	高	低	中
導熱速度	慢	快	中
使用率	高	低	中
安全度	不易燒焦、大火煮也沒關係。	容易燒到鍋邊，盡量以中小火煮。	不能開大火會燒到鍋邊，鍋身易熱。

濃油赤醬，鹹甜適中的好味道！

上海菜的 5 大特色

上海菜一般分為「本幫菜」和「海派菜」，多以調味不同和做法的差別來分類，以下我統整出上海菜的 5 大特色，提供大家參考：

特色 1，濃油赤醬、重糖艷色：

傳統上海菜，特色是「濃油赤醬、重糖艷色」，也就是以冰糖、醋、醬油來調味的多，吃起來偏甜偏鹹，用鹹味來襯托甜味，正是上海「本幫菜」的一大特色。

特色 2，以煨、燉、燜等料理方式：

上海菜講求細緻口味、喜愛用大鍋煨、燉和燜的方式烹飪，這也和傳統大宅門人口眾多的飲食習慣有關，大灶可以節省烹調時間，很有經濟效應的作法。

特色 3，辣菜偏少，口味偏甜：

因為上海天氣合宜，因此不習慣吃重辣的口味，多以清蒸、紅燒、油燜的味道為主，很適合家中有長輩、小孩的家庭一起食用。總體來說上海菜就是以味道偏甜、醬油鹹味為主。

特色 4，以魚類、肉類為主食：

在本書中，我多以肉類和海鮮類的主食材做料理，這並非說我是「無肉不歡之人」，其實我更喜歡吃素菜。只是在上海菜特色中，招待貴賓要以海鮮、肉類上桌才是真的待客之道，因此，也衍生出上海菜多以魚類、肉類來當材料烹調。

特色 5，中西菜色皆融合：

　　上海菜還有一大特點，就是先前提到的「海派菜」，這是過去上海租界及全國商業中心的緣故，有許多中西文化交流的過程，當然飲食上更是相互切磋，而海派菜正是因為融合全國各地口味和西方文化後兼容並蓄下的結果。書中所展示的「牛肉明治」和「海派馬鈴薯沙拉」正是這樣時代下的料理。

CHAPTER 2

家常佳餚

蘊含煮夫的酸甜苦辣,一吃就上癮!

用愛詮釋的料理,
讓我與家人的心靈更加親密靠近。

手撕包心菜

鹹香好滋味，簡單好做的下飯菜。

　　這是麻辣鹹香的一道菜，開胃爽口又下飯，難得女兒吃到後，一定要我把做法告訴她，既然這麼捧場就跟大家一起分享！

　　所謂的「包心菜」就是高麗菜，只要洗淨用手撕成一片一片的就好（看各人喜好，大小隨意），連菜刀都不用，調味是家裡都有的乾辣椒、蒜、薑、花椒、鹽、糖、醬油、鎮江醋（陳醋），就可以開始動手做菜囉，這麼簡單就能做出的美味，是不可能失敗的！

材料 Material
（3～4人分）

Ⓐ **食材**

高麗菜	1/2 顆
乾辣椒	4 個
蒜頭	2 個
老薑	3 片
花椒	1 小把

Ⓑ **調味料**

鹽	1 小匙
糖	2 小匙
醬油	2 大匙
鎮江醋	1 大匙

備料 Preparation

1 將高麗菜、乾辣椒、蒜頭等材料備好。（圖1）
2 高麗菜用手撕成片狀洗淨，大小片隨意。（圖2）
3 薑切片，蒜用刀背拍一下（或者切碎）。

做法 Practice

1 起油鍋，熱鍋冷油加入乾辣椒（中間剪一段），蒜、薑片下鍋爆香（圖3）。
2 放入高麗菜一起翻炒後，加入花椒粒、1小匙鹽、2大匙醬油，繼續翻炒至高麗菜變軟。（圖4）
3 菜軟化後，加入2小匙糖調味，最後沿著鍋邊淋上1大匙鎮江醋後翻炒，關火完成。（圖5）

🍲 煮夫的好吃秘訣 ╱ 下調味料有步驟，避免味道過於複雜！

乾辣椒的處理方式，只能從中間剪一刀（一分二），如果放在砧板上切個三四段，裡面辣椒籽就跑了，就不香了。其次蒜我會用蒜粒壓扁，如果愛吃蒜的直接用蒜末也很好，味道會更重些。用薑片取代薑末（絲），取其味而不食，這樣味道不會太複雜。
花椒在菜放進鍋翻炒一下後再加，避免一開始爆香時會焦變苦。糖是在菜軟後再加，小時候外婆告訴我，加糖後菜就不易入味了（包括肉），我覺得不一定是真的，不過我還是聽話。醋最後加，以免醋香煮久蒸發了。

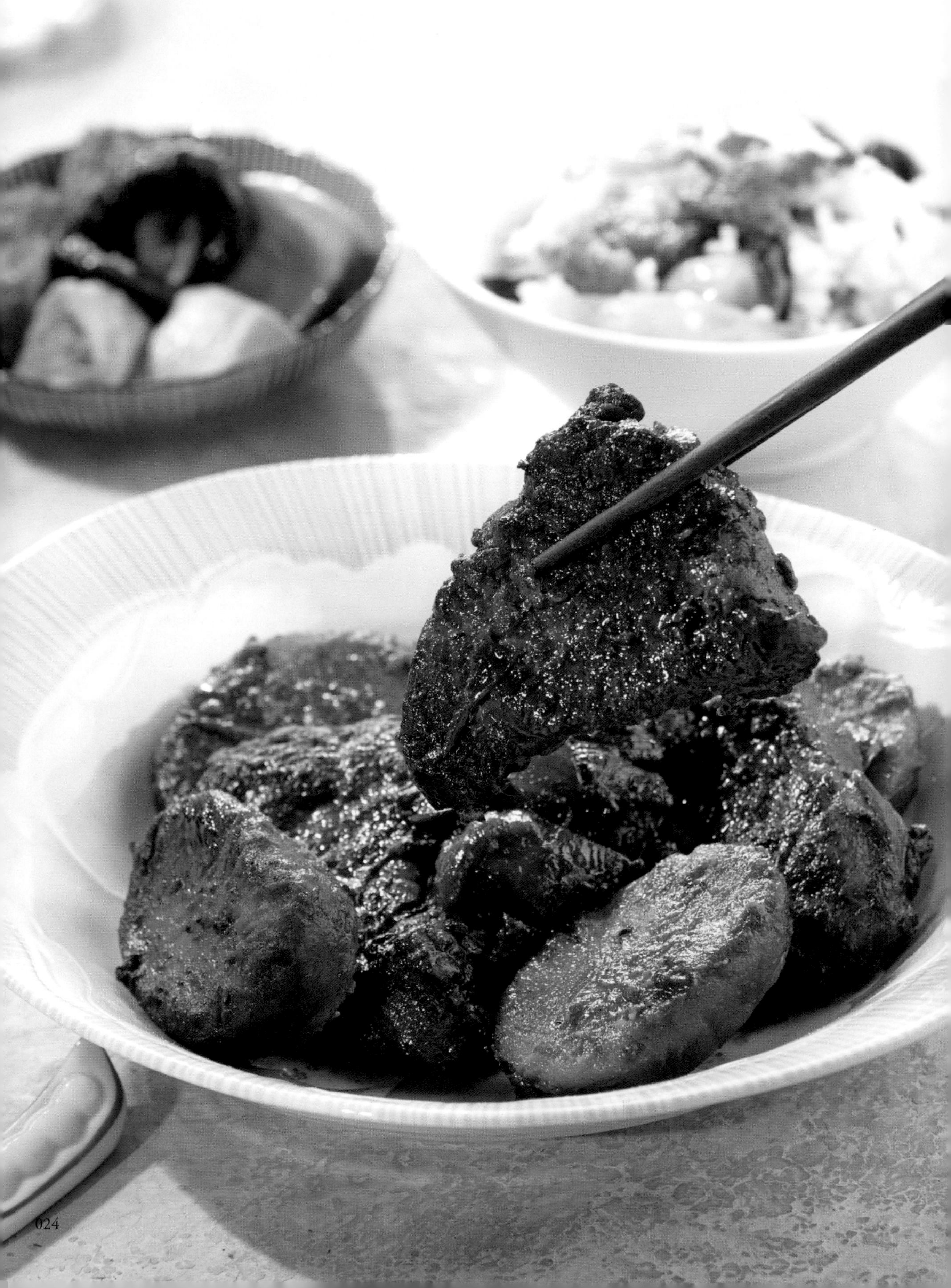

馬鈴薯燒排骨

孩子便當裡的好朋友，只要出現這道菜，飯盒一定吃光光！

　　這是我家的古早味常備菜，以前外婆總會燒一大鍋，可以讓大人小孩吃個兩三天，而且愈放愈好吃，還能帶便當，每當打開便當的時候，前後左右一定有同學聞到味道轉頭來看，這樣能感覺到它的香了吧！

　　我一直認為這是江浙菜，幾年前我家佣人燒了這道菜，我好奇的問她怎麼會燒這個，她說：土豆大排？這是俺們安徽菜啊！

材料
Material

（3～4人分）

Ⓐ 食材

豬排	4～5 片
馬鈴薯	2～3 個
紅洋蔥	半個

Ⓑ 調味料

鹽	少許
糖	少許
醬油	少許
太白粉	少許
米酒	少許
油	少許

備料
Preparation

1　將豬排筋拍斷（以肉槌或刀背處理），用醬油、糖、米酒醃漬豬排。醬油的量，只要能讓豬排均勻上色就好不用太多，米酒少許去腥。（圖1）

2　馬鈴薯削皮後切厚片，沖水幾次後，泡在水中 15 分鐘減少澱粉質。

3　紅洋蔥去皮，切成指甲大小的片狀，愛吃洋蔥的也不妨用一顆洋蔥。（圖2）

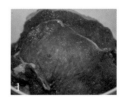

做法
Practice

1　將泡過水的馬鈴薯擦乾，在油鍋中煎至兩面金黃色取出。（圖3）

2　接著，在同一油鍋裡下洋蔥炒香，炒至軟化取出。（圖4）

3　另起油鍋，將醃好的豬排撒上一層薄乾太白粉後，下鍋煎至七、八分熟取出（大約是筷子可以插入豬排的狀態）。（圖5）

4　取一湯鍋裝水煮沸，將炒過的洋蔥、馬鈴薯下鍋，倒入醬油煮至馬鈴薯變軟時，放入豬排續滷 20 分鐘。

5　如家裡有紅燒醬油（老抽），可以在此時加入一湯匙上色，沒有也沒關係。

6　最後再加一小匙糖調味，開大火收汁完成。

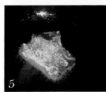

🍳 **煮夫的好吃秘訣** ╱ 馬鈴薯一定要先煎炸過！

很多人跟我說，這道菜要分好多次手續感覺好難。其實一點也不難……最重要的動作是要把「馬鈴薯先煎炸過」，定型很重要。我曾經偷過懶，直接把馬鈴薯放進去，結果燒成了一鍋薯泥！現在我不管做羅宋湯、咖哩牛肉……只要有馬鈴薯的料理，通通先煎炸過，不僅能吃到完整的馬鈴薯塊又容易入味。湯汁拌飯也好吃，雖然有點麻煩，那就一次多做點吧，絕對是大人小孩都讚不絕口的美味菜餚！

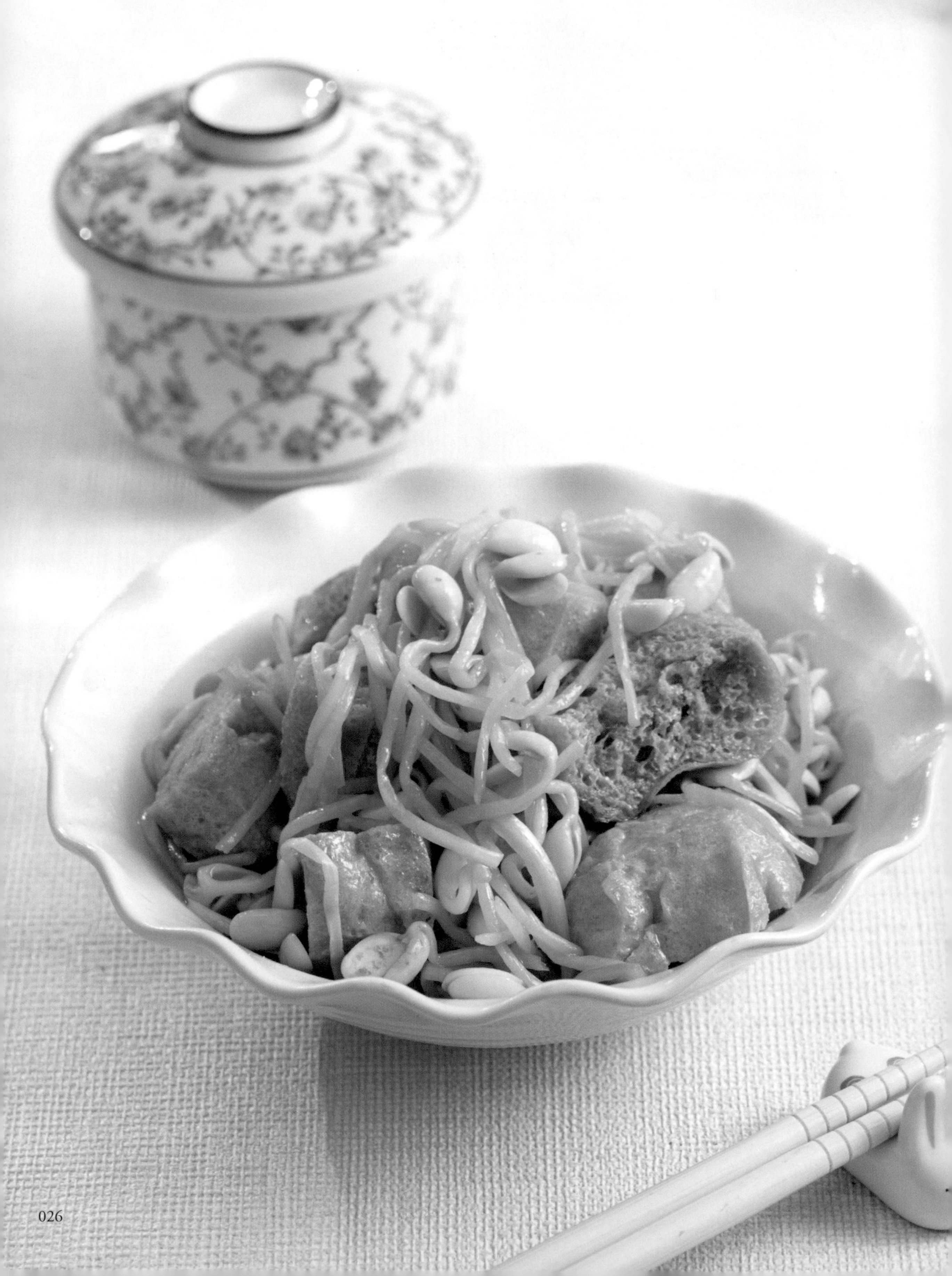

黃豆芽油豆腐

這道料理便宜又好吃一點難度都沒有，還不趕緊加個菜！

想找個便宜又好吃的菜，這道菜是排名前幾名的。還有一個方便之處，隨手就燒的菜，一點兒難度都沒有，還不趕緊加個菜！

這道菜只有兩種食材—黃豆芽和油豆腐，物美價廉。除了好吃以外 CP 值超高，在經濟不好的時代，這個最省又好吃！

材料
Material

（3～4人分）

Ⓐ**食材**
黃豆芽⋯⋯⋯⋯⋯1 把
油豆腐⋯⋯⋯⋯⋯1 份

Ⓑ**調味料**
醬油⋯⋯⋯⋯⋯⋯適量
鹽⋯⋯⋯⋯⋯⋯⋯適量
糖⋯⋯⋯⋯⋯⋯⋯適量

備料
Preparation

1 將黃豆芽和油豆腐備好。（圖1）
2 黃豆芽換水幾次洗淨。（圖2）
3 油豆腐沖水洗淨。

做法
Practice

1 起油鍋將洗好的黃豆芽放入翻炒。
2 接著，將油豆腐放入。
3 加少許醬油，少許水、鹽、糖調味完成，關火盛出。（圖3）

煮夫的好吃秘訣 ／ 以清爽好吃為主要！

這道菜唯一不放心就是黃豆芽是市場買的，怕買到用漂白水泡的，所以沖水洗了好幾次。
這道菜我建議不要放什麼大蒜，這菜要吃的是清爽口感。辣椒就看個人口味了，不過別多了，一點辣味還是可以的。

紅椒榨菜豆干肉絲

人見人愛，是家裡的秒殺美食。

　　到目前為止，我好像沒聽到有什麼人不愛這道菜的，頂多就是豆乾肉絲（豬肉絲）和豆乾牛肉絲的分別吧。我喜歡加些榨菜絲，爽脆的口感吃起來更過癮，一下子兩碗飯就扒光了！另外一個重點就是每次豆乾切的都很累，所以加點榨菜絲看起來俗又大碗，可以多吃好幾餐！

材料
Material

（3～4人分）

Ⓐ **食材**
厚片豆干·········4 片
豬里肌···········1 塊
包裝榨菜絲·······2 包
紅辣椒···········2 根
大蒜·············2 顆

Ⓑ **調味料**
醬油·············1 大匙
糖···············2 茶匙
料理酒···········少許

備料
Preparation

1 將所有材料備齊，才不會手忙腳亂。（圖1）

2 厚片豆干約高一公分左右，橫刀切薄片約七刀左右（八片），不想片那麼薄也可以厚些，然後切絲。（圖2）

3 豬里肌肉切絲。

4 紅辣椒去籽切絲，去籽原因是怕太辣影響口感。（圖3）

5 大蒜切末（不愛吃太多蒜的人可直接拍蒜）。

6 榨菜絲用清水沖洗兩遍，去除多餘的鹹味。

註 豬肉絲可醃可不醃。牛肉絲要醃，用一點太白粉，一點醬油加一點油封住血水，會比較入味。

做法
Practice

1 將豆干絲在沸水中汆燙，去除豆腥味取出。（圖4）

2 熱鍋冷油下蒜末（拍蒜）再將豬肉絲放入炒熟，加入少許料理酒去腥。（圖5）

3 將紅椒絲下鍋稍翻炒加入榨菜絲及豆干絲。

4 加醬油，糖調味拌勻後盛起。（圖6）

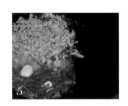

🍳 **煮夫的好吃秘訣／**榨菜要先沖洗再料理！

榨菜絲是在超市買現成的，簡單省事，拆包後放碗裡沖水洗兩次，第一避免太鹹，其次不要搶了這菜自己該有的味道。榨菜的選擇就看自己的口味了，多試幾家，找到愛吃的。我就沒那麼愛四川榨菜，反而比較喜歡浙江產的，台灣榨菜也好吃，對我而言口味稍微清淡了點。

紅燒臭豆腐

孩子不愛吃的蔬菜，通通藏在重口味的菜色裡！

　　我兒子只要看到綠色的菜就通通不吃，這是個麻煩事，有時出門吃飯一桌子的青菜他碰都不碰，就叫兩碗飯，配著辣椒醬就飽了。在家吃飯也麻煩，還好他愛吃臭豆腐，就變出了這道菜。

　　臭豆腐人人愛吃，台灣一般就是路邊油炸配些泡菜。台灣江浙菜館不用點，看到老客人老闆都會送上一份清蒸臭豆腐，可見它受歡迎的程度。這道菜只要一點毛豆，幾根香菇絲和開陽（小蝦米），加點油、醬油、糖、辣椒（看個人喜好）這樣就行了。而我則是會在重口味的臭豆腐裡，加上孩子不愛的青椒……等綠色蔬菜，他也唏哩呼嚕、不知不覺的吃進蔬菜了（老爸的心機啊）。

材料 Material

（3～4人分）

Ⓐ **食材**

臭豆腐	5～6 塊
青椒	1 顆
毛豆	50 克
豬絞肉	100 克
乾辣椒	2～3 根

Ⓑ **調味料**

米酒	1 大匙
醬油	2 大匙
水	250 毫升
糖	2 小匙

備料 Preparation

1　臭豆腐洗淨切塊。（圖1）
2　青椒洗淨切成指甲大小的片狀備用。
3　毛豆先用沸水煮過去腥。

做法 Practice

1　起油鍋，將臭豆腐塊入鍋，炸至金黃色取出備用。（圖2）
2　熱鍋下肉末翻炒加入米酒少許，將乾辣椒從中剪斷下鍋爆香。
3　將青椒加入繼續炒至變軟，即可加入毛豆及炸好的臭豆腐。（圖3）
4　加入醬油、水及糖調味，蓋鍋稍燜5分鐘，開鍋大火收汁完成。

🍲 **煮夫的好吃秘訣／** 豆腐炸過先定型，也好入味！

臭豆腐切塊別太小，免得容易碎，先炸過也是為了定型。再講究些可能就加些香菇絲吧！可惜我兒子也不吃香菇，那我也就省了（喜歡香菇的人，可以放在步驟2炒香）。這道菜把所有香（臭）味都逼到菜裡，青椒也有了臭豆腐的味道，所以孩子吃了也不怕。

毛豆本來就是百搭，跟肉末醬汁一起拌在飯裡可以再來一碗。臭豆腐本來就是聞著臭烘烘，吃著香噴噴，還有青椒毛豆加肉香，那就更是香上加香了……，說著說著怎麼覺得口水一直嗒嗒滴下來！

螞蟻上樹

香辣好下飯，5 分鐘就能出好菜！

　　這個家喻戶曉的四川菜，也是人人愛吃的下飯聖品。這麼方便，5 分鐘就可以出菜的家常菜，好像反而被大家遺忘了，還以為只能上館子吃到！

　　川菜很多講究的是「一鍋成菜」，意思就是不用換鍋就能將一個菜燒出來，這種燒法的精神就在「大火快炒」。螞蟻上樹就是一鍋成菜，出鍋後肉末爬滿粉絲，菜如其名啊！千萬不要慢條斯理，否則就變成肉末粉絲煲了！

材料
Material

(3～4 人分)

Ⓐ **食材**

粉絲	2 把
豬絞肉	100 克
薑末	30 克
蒜末	30 克

Ⓑ **調味料**

郫縣辣豆瓣	2 大匙
米酒	1 小匙
開水	1 小碗
醬油	1 小匙
糖	1 小匙

備料
Preparation

1　將所有食材備齊。（圖 1）
2　粉絲事先泡冷水浸泡至軟。
3　薑、蒜切末。

做法
Practice

1　起油鍋，熱鍋冷油下肉末炒散，加米酒。
2　這時看肉已經熟了，稍微撥在旁邊，在空出來的地方將薑蒜末放入稍微翻炒。（圖 2）
3　將豆瓣醬放入，這時要多炒一下把豆瓣醬香氣炒出來，接著把肉末一起拌勻炒透。
4　加入熱水，放入粉絲，開大火煮滾。（圖 3）
5　最後，用醬油調味，再加上糖中和鹹味，收汁完成。

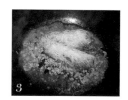

🍲 **煮夫的好吃秘訣** ／ **3** 大撇步讓菜更好吃！

❶ 粉絲一定要用冷水泡，甚至不用泡，沖沖水就好，否則炒出來粉絲塌了也就不好看了。

❷ 其次，辣豆瓣醬本身就有鹹，不需要加太多，也不一定要用郫縣豆瓣醬（台北南門市場有賣），其它辣豆瓣醬也行，就是自己要斟酌的加。鹽或醬油只是再提提味，千萬不能放多，因為豆瓣醬很鹹。我自己喜歡醬油香，所以沒放鹽，加一點醬油順便增色。

❸ 最後加點熱水，讓大火收汁可以快些，否則慢慢煮出來粉絲會不好看；且水不宜太多，多了收乾太慢粉絲又糊了。薑蒜非必要，看各人口味吧！

辣椒鑲肉

這是我們家的宴客必備菜，做起來不難，
請客又有面子，大家都愛吃的一道菜。

　　辣椒鑲肉的青椒，一般都是選用長型的角椒（糯米椒、青龍）來做，帶點微辣香味卻不刺激，加上肉的鮮香還有濃鹹湯汁，光是配飯吃，我就能多嗑一碗飯，也很適合大人相聚的下酒菜。

　　江浙一帶愛吃青椒，有一道名菜是不塞肉，直接用油煸的皮皺皺，加醬油、糖、醋燒成的「虎皮尖椒」，也非常好吃。所以，我一直以為「辣椒鑲肉」是江浙菜，因為常常出現在江浙館的前（冷）菜裡，這次心血來潮上網查查，才知道原來出自四川菜⋯⋯。心裡還在碎碎唸：「我去重慶、成都怎麼沒吃過這麼做的！」

材料 Material (3～4人分)	Ⓐ食材 角椒	8 根 50 克 少許 少許	Ⓑ調味料 醬油	2 大匙 1 小匙 1 小匙 1 小匙 4 大匙

實際：
材料 Ⓐ食材
角椒 ──── 8 根
豬絞肉 ──── 50 克
蔥末 ──── 少許
薑末 ──── 少許

Ⓑ調味料
醬油 ──── 2 大匙
料理酒 ──── 1 小匙
糖 ──── 1 小匙
太白粉 ──── 1 小匙
陳醋 ──── 4 大匙

備料 Preparation

1 角椒洗淨，將蒂切掉並小心將籽挖出，沖洗乾淨。（圖 1）
2 準備一個大碗，將肉末、蔥、薑末，倒入料理酒、醬油，少許糖充分拌勻。（圖 2）
3 將拌勻的肉末，用筷子塞入挖空的角椒中。（圖 3）

做法 Practice

1 準備一小碟太白粉，將塞好肉的青椒頂部稍微蘸一下太白粉。
2 熱鍋倒入冷油，將青椒放入煎至定型。（圖 4）
3 倒入醬油、陳醋，加半碗水續煮。（圖 5）
4 蓋鍋燜煮 15 分鐘，即可開鍋上菜。

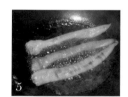

煮夫的好吃秘訣／用筷子塞肉簡單又方便！

塞肉有點技巧要有耐心。我用的長型青椒，這種青椒微辣特別香，但是我習慣用筷子一點一點把肉末往下面推過去，否則前面吃了兩口，後面都空的。而且頂肉只能一隻筷子，要不把青椒捅破就毀了。
醋一定要用陳醋，不能用工研醋。陳醋與醬油比例 2:1，多些是對的，因為在燜煮的過程會揮發掉大部份，最後剩下的只有醋的香氣沒有酸味。

鹹蛋蒸肉餅

只要家裡有電鍋，就是人人都會煮的廣東名菜！

　　蒸肉餅是家家都有的菜，不同的是有人用醬瓜蒸，用鹹魚蒸……，我喜歡用鹹蛋。簡單又省事說做就做，好吃又下飯。我記得之前去廣東餐廳吃這道菜，廚師會用煮過的醬油淋在蒸好的肉餅上，我沒有那麼「搞剛」，原因是在家吃飯，味道夠了就好，那種莫名其妙的噱頭也就不必了！

材料
Material

(3～4人分)

Ⓐ **食材**
生鹹鴨蛋	1 個
豬絞肉（肥 3：瘦 7）	200 克
薑末	20 克

Ⓑ **調味料**
鹽	少許
糖	少許
醬油	少許
米酒	少許

備料
Preparation

1　準備一個大碗，放入豬肉與薑末拌勻。
2　加入糖、鹽及醬油，少許米酒及鹹蛋白，充分抓勻至肉有黏性、入味。

做法
Practice

1　將肉團擺入稍微有點深度的盤子中，稍稍壓平，中間挖個洞將鹹蛋黃擺入。
2　盤子放入電鍋中，外鍋注入一杯水，跳起即可。

※　若放在瓦斯爐，要開大火蒸 10 分鐘，或轉中火蒸 15 分鐘。

🍲 **煮夫的好吃秘訣** ╱ 鹹蛋白要拌入肉團才好吃！

薑末是這道菜不可少的，切的細碎讓薑味是吃不出來，只有淡淡的香，孩子也能接受。另一個是關鍵，鹹蛋白一定要拌進肉裡，好吃又增香，不要浪費了。

就是愛炒蛋——不同料理有不同的嫩度！

蛋 + 根莖類一起炒

無敵韭黃炒蛋

蛋要弄熟炒塊，菜要軟！

　　這道菜的關鍵在於，蛋液一定要炒熟並弄成塊，如果半生的蛋液附在韭黃上就不好看了。其次韭黃炒軟就下蛋塊翻炒均勻即取出，韭黃煮太久口感就不好了，而且到時一盤爛爛的韭黃不但看起來沒精神，也影響外觀看起來就不好吃了。

　　韭黃炒蛋、胡蘿蔔絲炒蛋、絲瓜炒蛋、洋蔥炒蛋、青椒炒蛋……，這些做法其實都一樣，主要就是蛋要熟、菜要軟，才會好吃！

材料 Material

Ⓐ食材
雞蛋　　4 顆
韭黃　　1 把

Ⓑ調味料
鹽　　　1 小匙

備料 Preparation

1 韭黃洗淨切段備用。
2 準備大碗，將蛋打進去加鹽，攪拌均勻。

做法 Practice

1 起油鍋將蛋液倒入鍋中，將凝固時再翻炒至全熟弄成塊狀盛出。
2 接著，同個鍋子放入韭黃段，炒至韭黃變軟。
3 加鹽，將蛋塊倒入一起翻炒關火裝盤。

（3 ~ 4 人分）

蛋 + 蔥一起炒

香嫩蔥花炒蛋

不用鍋鏟,直接用筷子攪動最方便

　　首先,熱鍋熱油是必須的。再者,我不用鍋鏟,直接用打蛋的筷子就好,要快速用筷子讓蛋液能均勻的打散到鍋面上。用鍋鏟一定會有的地方太生,有的太老。我都是在快凝結時倒出來,等到盤子上桌時,蛋本身的溫度就會將未熟的地方逼熟,這時蛋又香又嫩,人間美味。

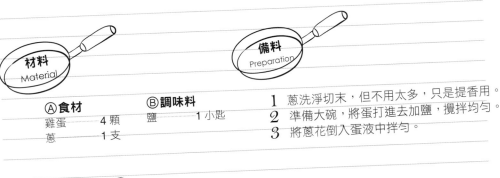

材料 Material

備料 Preparation

Ⓐ **食材**

雞蛋	4 顆
蔥	1 支

Ⓑ **調味料**

鹽	1 小匙

1　蔥洗淨切末,但不用太多,只是提香用。
2　準備大碗,將蛋打進去加鹽,攪拌均勻。
3　將蔥花倒入蛋液中拌勻。

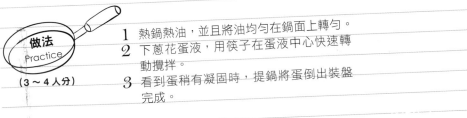

做法 Practice

(3～4 人分)

1　熱鍋熱油,並且將油均勻在鍋面上轉勻。
2　下蔥花蛋液,用筷子在蛋液中心快速轉動攪拌。
3　看到蛋稍有凝固時,提鍋將蛋倒出裝盤完成。

滑嫩番茄炒蛋

炒蛋要熱鍋熱油，速度快才會軟嫩！

蛋 + 番茄一起炒

　　重點在於熱鍋熱油，提鍋盛蛋要快速，而非一鏟一鏟免得變老。番茄要炒得軟爛才能入味好吃。至於加糖加鹽，番茄留皮去皮，那就隨個人口味了。有很多餐廳會再加番茄醬提味，我認為在家就可以免了，太匠氣少了家味。

　　兩岸的番茄炒蛋大不同，台灣做法是先煸番茄後加入蛋液，出鍋的感覺是紅紅的番茄配上碎碎的蛋渣，蛋無法成塊，但吃起來是多汁滑香。大陸的做法是先炒蛋，蛋成型後用鍋鏟切成小塊盛出，番茄入鍋小煸一會兒即加入炒蛋混合後盛出，吃得到蛋香和嫩感，我覺得都不錯。

　　但是台式的吃不到蛋的感覺，入口都是碎碎的。內地燒法對我來說是兩個菜硬配在一起，各玩各的感覺不融入。於是我改良一下，融合兩者的優點，做出最棒的番茄炒蛋。

Ⓐ食材　　　　　**Ⓑ調味料**

雞蛋　　　4 顆　　　鹽　　　　1 小匙

牛番茄　1 顆

1　準備大碗，將蛋打進去加鹽，攪拌均勻。
2　番茄洗淨，去蒂頭切 4 瓣。

（3～4 人分）

1　熱鍋熱油後，將蛋液入鍋，筷子在蛋上轉幾圈，快速提鍋倒出尚未完全成型的蛋汁。
2　鍋中基本上已經無油，放入切好的番茄用鍋鏟壓碎（如果怕油煙可以加一點點水煮收乾）。
3　當番茄軟爛時，加入蛋汁快速翻炒盛出即可。

蘿蔔燉牛腩

最下飯排行榜裡永遠都有它，

嗯……想到就覺得應該燉一鍋來吃吃。

　　我不是廣東人，沒有像廣東人做蘿蔔牛腩的考究，老廣做這味還講究蘿蔔要先煮個二、三十分鐘去蘿蔔的辣氣，我反而怕煮掉了蘿蔔味。此外，廣東人還講究燒牛腩一定要有柱候醬、豆腐乳、陳皮、草果……來調味。我也沒有，家裡有什麼就用什麼，比較給力的法寶就是蠔油了，不過這也不是一定要的！

　　牛腩也叫牛肋條，有人質疑我燒牛肉的時間會不會太短，牛肉不夠酥爛。但事實上，不同的牛肉本來燒煮的時間就不同。我用的是美國牛肉，很快就酥軟了！

材料
Material

（3～4人分）

Ⓐ **食材**
牛腩————————1 塊
（大概肋條 5 或 6 條）
白蘿蔔————————1 根
薑片————————2 片
大蒜————————2 顆
辣椒————————2 顆
八角————————3 顆
蔥結————————1 把

Ⓑ **調味料**
醬油（蠔油）————適量
料理酒————————適量
冰糖————————適量

備料
Preparation

1 先將會用到的食材準備好（圖1）
2 牛腩直接放入冷水煮出血水，洗淨後切大塊。
3 白蘿蔔削皮切滾刀塊。
4 薑切片，蒜用刀面拍一下，辣椒開口將辣椒籽洗乾淨。

做法
Practice

1 起油鍋將蒜末、薑片下鍋，用中火爆香，隨後下牛肉塊。（圖2）
2 牛肉稍微煸的上色即可，下醬油翻炒使上色並加少許米酒增香。
3 將炒好的牛肉倒入燉鍋中加熱水，水量要蓋過牛肉。
4 放入蔥結、辣椒、八角燜煮半小時。（圖3）
5 將白蘿蔔放入鍋內，並再加少許醬油（或蠔油）、少許冰糖，繼續燉煮一小時。

 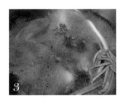

🍲 **煮夫的好吃秘訣／**不要太辣，用台式醬油也可以！

為了要跟廣東菜靠近些，我用的是生抽，就是淡色醬油，後面加了些蠔油。台灣生抽實在不好買，就用一般醬油就行，會更有台灣味一點。辣椒籽要洗掉，蘿蔔牛腩本來就不應該太辣，需要的只是一點辣椒香。還有一點，吃完前在湯裡加一點煮好的麵條，有廣式牛肉麵的感覺。

油燜茭白

似筍不是筍，夏末初秋的當季好食材。

　　每年的五月，在春筍快下市的時候，茭白正是好季節，價格也實惠，買點兒來做「油燜茭白」。這個跟「油燜筍」的做法基本一致，但是省了筍料理前面為了去苦味及草酸煮的過程，更加省事了。

　　把這個學會，油燜春筍也就會了，茭白四季都有，更加親民些。另外，茭白不是筍，筍是竹子的根部發芽出來的，茭白是水生的蔬菜，很多人誤以為茭白為筍，這是錯誤的。

材料
Material

（3～4人分）

Ⓐ **食材**
茭白 ⎯⎯⎯⎯⎯ 5 支
青江菜 ⎯⎯⎯⎯ 1 把

Ⓑ **調味料**
醬油 ⎯⎯⎯⎯⎯⎯ 2 湯匙
糖 ⎯⎯⎯⎯⎯⎯⎯ 2 小匙
蝦籽（非必要）⎯⎯ 少許

備料
Preparation

1 茭白筍洗淨，去掉外殼。（圖1、圖2）
2 茭白去皮切滾刀塊。（圖3）
3 青江菜洗淨汆燙後，鋪在盤底做裝飾用。

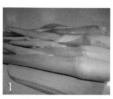 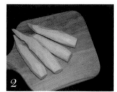

做法
Practice

1 起油鍋下茭白塊翻炒至表皮變黃發皺。
  （圖4）
2 加入醬油兩湯匙及兩茶匙糖。
3 關火時加入少許蝦籽增鮮（非必要）。

🍲 **煮夫的好吃秘訣** ／ 2 大重點，讓油燜茭白又嫩又鮮！

這個作法非常簡單，只是 2 個重點必須牢記，否則一失手就破壞了整個菜的感覺。首先在切茭白的時候一定要心狠手辣，稍留一絲善念老皮就會影響整個菜的品質，常常切到只有三分之一，才會有最佳的口感，怎麼確定呢？用手指甲在切好的茭白上稍稍輕按，感覺水嫩就對了。

油燜是一點水不加的，加了水就會看起來塌塌的，不好看。我加一點點蝦籽增鮮，如此一來，茭白吃的不只嫩和那個鮮，令人垂涎。

麻婆豆腐

這是各家飯店的必備菜，不過，要煮得好吃就稀奇了。

你有多久沒吃到美味的麻婆豆腐了？

　　我愛吃麻婆豆腐，每次去吃川菜都必點這道菜，可是真是奇怪，怎麼跟我在成都吃到的味道就是不同，我好好研究了一下，發現其中還是有些小訣竅的。

　　四川人很堅持要用牛肉來做麻婆豆腐，這跟外面都用豬肉來做是有差別的。一般外面吃的麻婆豆腐不是過辣就是沒有麻香，又或者不夠入味。我用的是郫縣辣豆瓣醬，相較其它的豆瓣醬，它更能表現濃香辣的感覺，花椒粒壓碎在最後撒入，會比加花椒粉有更強的口感，這就看個人喜好了。

　　家裡不吃辣或是有小孩的人，可以燒肉末豆腐，那就更簡單了，豬肉末、豆腐、醬油，就可以燒出全家人都愛吃的菜，想加蔥、蒜還是薑，或者勾芡都可以依個人口味調整。

材料
Material

(3～4人分)

Ⓐ **食材**

薑末	5 克
蒜末	5 克
嫩豆腐	1 塊
牛絞肉	100 克
蔥花	10 克

Ⓑ **調味料**

郫縣辣豆瓣醬	1 大匙
花椒粉	少許
醬油	1 大匙
鹽	1 小匙
糖	2 小匙
米酒	1 小匙
太白粉（勾芡用）	1 小匙

備料
Preparation

1 將所有材料備齊（圖1）
2 豆腐切塊備用。
3 蔥薑蒜切細末。
4 將花椒以刀拍碎。（圖2）

做法
Practice

1 熱鍋冷油下薑末、蒜末（不加就可省略）爆香。
2 下牛絞肉翻炒至熟後，撥至鍋邊。（圖3）
3 在中間放入豆瓣醬煸出香味後，倒入少許米酒與牛肉末混勻。（圖4）
4 加入半碗水（高湯也可），將豆腐放入，加入醬油、鹽及糖調味。
5 先以中小火煨煮，讓豆腐入味。待豆腐燒膨脹。（圖5）
6 轉大火收汁，用太白粉兩小匙調冷水化開倒入勾芡，關火盛出。
7 撒入一小把花椒粉及蔥花在豆腐上，增加香氣，即可上桌。

🍳 **煮夫的好吃秘訣** ╱ 推薦郫縣辣豆瓣，是麻婆豆腐的靈魂！

台灣我只在台北南門市場買到郫縣辣豆瓣，好像有了它，整個味道就對了。如果沒有，也可以用其它辣豆瓣醬代替。郫縣辣豆瓣夠鹹，所以醬油一點增香添色，鹽也是真正一點點提味，糖我會稍多一些，壓壓鹹跟辣味順便提鮮。有的人喜歡在前面先放花椒爆香，我沒有，因為咬到整粒花椒的滋味是不好受的！

CHAPTER 3

主食料理

一碗食堂的創意料理，美味又飽足！

煮夫善用創意食材，
演繹道地的中式料理老滋味。

薺菜餛飩

上海人最愛吃的麵食之一，用清湯底最能吃出薺菜美味。

　　這是上海人最愛吃的麵食之一，水餃跟它比還要往後站站。而且只有薺菜餛飩才是真正認證的上海麵食。

　　餛飩湯的組成看遍所有地方基本都一樣，紫菜、蝦皮、蛋皮、豬油⋯⋯等湯料，我建議用白湯加鹽即可。口味重的人可以用紅湯，就加些醬油，熱水一沖就得了，沒必要去搞什麼雞湯、大骨湯的，太搶味反而吃不到薺菜的香。

　　以前我在台灣，講到餛飩都說溫州大餛飩，1994 年去浙江溫州，滿懷希望的跑遍大街小巷，一家餛飩店都沒，那台灣怎麼來的這個講法呢？真是奇妙！前段時間看到一家店在賣薺菜雲吞，雲吞是廣東人的食物，雲吞皮是雞蛋與麵粉做成，與一般餛飩皮還是不同，硬是湊在一起，也是創意。順便和大家推薦，在台北桃源街有家老字號餛飩店，菜肉大餛飩真正一絕，雖然不是薺菜餡，也是我在台灣的口袋名單之一！

　　薺菜洗淨後沸水稍汆燙即取出，放涼後擰乾切碎末。豬肉末、生薑、蔥末，一個雞蛋、一點香菇。將所有材料放入攪拌，加醬油（最好淡色醬油，不要上色），糖、麻油、一小杯水，順方向攪至肉餡就黏就可以準備包餛飩了。

材料
Material

（3～4 人分）

Ⓐ **食材**

薺菜	1 把
豬絞肉（瘦肉 6：肥肉 4）	300 克
餛飩皮	一疊
蔥末	少許
薑末	少許
雞蛋	1 個
乾香菇	5 個

Ⓑ **調味料**

淡色醬油	適量
糖	適量
麻油	適量
水	1 小杯

備料
Preparation

1 薺菜洗淨，放入沸水汆燙後，取出放涼擰乾切碎末。（圖1）
2 乾香菇泡水後去蒂切絲，香菇水保留。
3 準備湯料：豬油1小匙、紫菜少許、蝦米1小匙、蛋皮少許、醬油、辣椒油。（圖2）

做法
Practice

1 取一大鍋子，放入絞肉、薑、蒜末、一個雞蛋、香菇絲和調味料醬油、糖、麻油和香菇，水倒入順向攪拌至肉餡發黏。（圖3）
2 取一麵皮，將大約半湯匙的餡料包在麵皮中央位置。（圖4）
3 先兩面往中央折，包覆餡料。（圖5）
4 接著，將兩端向內彎，緊壓折口的地方即可現煮食用。（圖6）

煮夫的好吃秘訣 ╱ 薺菜味道鮮美，可以多買冷凍保存！

薺菜是一種長在田邊、路邊的野菜，味道非常鮮美。因為不是太好買，菜市場看到買回家，去掉老、硬、黃不好的地方，洗乾淨後在滾水裡燙一下，取出後瀝乾水份可以冷凍，要吃時再拿出來用。包餛飩的方法十幾種，只要不會散，看自己喜歡怎麼包囉！湯底放什麼很隨性，不過一點豬油還是必要的。

台客滷肉飯

最無法割捨的路邊小吃，自己做最合胃口！

　　這應該是台灣人最不能割捨的在地美食了，每次回台灣，如果沒有好好吃個幾次，心裡都會覺得有些失落。想要一解食愁……，還是自己做吧！外面的肉丁會用煸炒，我則是用蒸的也是省事的做法，不用起油鍋。蒸完會有一大碗油，怕太油就少用些，完全可以自己拿捏。你也可以用這個簡單的方法做出自己愛吃的味道。現在，我已經找到了自己的味道，這次回台灣居然沒吃滷肉飯。

材料
Material

（3～4人分）

Ⓐ食材
五花肉切條 ——— 1 條
紅蔥頭 ——— 10 顆
（或直接用油蔥酥）

Ⓑ調味料
醬油 ——— 適量
醬油膏 ——— 適量
米酒 ——— 適量
水 ——— 適量
五香粉 ——— 1 大匙
白胡椒粉 ——— 1 大匙
冰糖 ——— 1 小把

備料
Preparation

1 將五花肉切條，五花肉皮跟肥瘦肉分開切條（丁），怕麻煩也可以請豬肉攤直接幫忙切。（圖 1）
2 將紅蔥頭切片進油鍋煸至金黃變乾。
3 將五花肉細條放入電鍋中，外鍋放半杯水蒸透。（圖 2）

做法
Practice

1 將蒸好的肉條倒入砂鍋中（蒸出的豬油量隨意）。（圖 3）
2 加入水，醬油，料理酒煮滾。（圖 4）
3 加入白胡椒粉及五香粉、冰糖續煮 10 分鐘。（圖 5）
4 最後加入油蔥酥及少許醬油膏上色調味。（圖 6）
5 小火燜煮 2 小時完成。

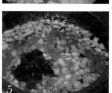
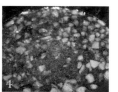

煮夫的好吃秘訣／ 滷蛋、豆干放一起滷！

我會在滷肉燉一段時間後再加油蔥跟醬油膏，我會多加一些油蔥讓它更香些，但就是怕它扒鍋，還是要一直去攪攪它。想放幾個蛋或者豆干，在前面就可以放了，煮好後豆干滷蛋拿出來分開放，想吃的時候再放進去加熱就好，豆干一直擺在滷肉鍋裡，會容易壞的。

片兒川

杭州名點，做法簡單又好吃！

　　杭州奎元館的名點，據稱是在清朝時奎元館為了招來生意，而特別為赴杭州鄉試的窮舉人發明的麵食。我在 1993 年與太太去杭州出差，到達飯店時已是晚上九點，那時的杭州晚上黑漆漆一片，飯店裡也是什麼都沒有，實在餓得慌，請廚房無論如何也要變一點東西來吃吃，那時工作人員就說了，真要吃只有片兒川。當時根本不知道那是什麼，只是一個勁的答應。送來時我才發現，原來就是我家的雪菜肉絲麵。

　　歷史上南宋遷都杭州，北人南調，所以杭州話有一種濃濃的兒音，就是捲舌，片兒川因為是用豬肉片、筍片做成，其中筍片又是氽燙成熟，所以取名片兒氽，後人傳又成了片兒川。

材料 Material
(1〜2 人分)

Ⓐ 食材

竹筍	1 支
醃雪菜	100 克
豬里脊	100 克
細麵	2 球

Ⓑ 調味料

醬油	2 小匙
糖	2 小匙
水	2 碗

備料 Preparation

1　醃雪菜洗兩遍，沖掉過多鹽分切碎。
2　筍子去皮洗淨後切成長方形薄片。
3　豬肉洗淨切薄片。
4　起一鍋熱水，放入麵條煮熟。（圖 1）

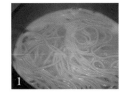

做法 Practice

1　熱鍋冷油放入肉片煸熟。
2　接著，放入筍片拌炒至熟。（圖 2）
3　將醃雪菜碎倒入醬油和水煮開後，加糖調味。
4　最後將煮好的麵條盛出，將炒好的澆頭即完成。（圖 3）

🍲 煮夫的好吃秘訣／不須另外熬湯頭！

其實這就像是雪菜肉絲麵的作法，最特別的是這碗麵的湯不是另外做的，上海麵講究紅湯麵，就是用豬油、醬油調出的湯頭，再將麵放入湯裡吃。而它是直接用鍋裡炒的澆頭將湯味調好，麵煮好後撈出放在碗中，直接將澆頭連湯淋在麵上。做法比較方便，你也可以試試看。

蜜製麻醬麵

外面吃不到的濃醇香，搭配蔬菜水波蛋，就能清爽不膩。

　　這是再普通不過的一碗麵，大家在外面吃到都已經忘了麻醬麵也可以在家裡做，外面賣的麻醬麵參差不齊，讓我來告訴你這碗最好吃的麻醬麵怎麼做吧！

　　我的麻醬麵除了跟坊間賣的一樣有芝麻醬、醬油外，還會加一小勺自己熬的豬油，再來一個秘密武器——蜂蜜，它能激發出芝麻醬的香氣，中和掉一些鹹味，又不會像砂糖那樣增甜不增香。

　　再來找個好朋友吧！做個水波蛋（也叫做蛋包），蛋白部份凝結，蛋黃還未老前取出放在麵上，和芝麻醬一起拌開（也可以加些辣油），濃濃的醬香加上蛋香，飽足又滿意。加了一點兒蔥花，是為了好看，包括黃瓜絲、大蒜末……等，這些都不是麻醬麵的好朋友，除了水波蛋，也可以加些豆芽！

材料
Material
（3～4人分）

Ⓐ 食材
麵	1 把
豆芽菜	1 小把
雞蛋	1 顆
蔥末	少許

Ⓑ 調味料
芝麻醬	1 大匙
豬油	1 小匙
醬油	1 小匙
蜂蜜	1 小匙
熱水	適量

備料
Preparation
1 燒水準備煮麵，煮熟備用。
2 將適量芝麻醬倒入碗中，加豬油、醬油、蜂蜜後用熱水化開。

做法
Practice
1 將煮熟的麵條倒入拌好的麻醬中，充分拌勻。
2 用煮麵的水，將火開大，沿鍋邊打開蛋殼將蛋放入。
3 待成形為蛋包後撈起，同鍋水放入豆芽菜汆燙至熟。
4 將蛋包、豆芽菜和蔥花放入麻醬麵中，即可食用。

 煮夫的好吃秘訣／用熱水拌勻醬料，才不會結成團！

很多人不敢自己做麻醬麵，因為拌不開，不趕快吃就黏住了。為什麼？很簡單，前面拌醬的時候沒拌勻就會這樣，另外加冷水也會這樣，照我的作法，絕對碰不到這種問題了，別懷疑，去試試！

上海炒年糕

過年來上一盤，讓大家步步「糕」升。

年糕本來就是過年才吃的食品，每個地方好像都有年糕，吃法也各有不同，這裡所用的是江浙人一般吃的年糕。以上海人來說，炒年糕一定是用爛糊肉絲炒的最對味（見第40頁）。

喜歡喝湯的人，可以煮成「湯年糕」，做法簡單而且非常好吃！一鍋大骨湯，加上「塌菜（塌棵菜）」，放些冬筍片，將年糕放入，加鹽調味即成。塌菜在寧波人講起來也叫「如意菜」，因為長得就像一片片如意，過年吃也有吉利的意思。

材料
Material

（3～4人分）

Ⓐ **食材**
切片寧波年糕	1 包
大白菜	1/4 顆
豬肉絲	100 克
乾香菇	5～6 朵
筍絲	100 克

Ⓑ **調味料**
料理酒	1 大匙
香菇水	100 毫升
鹽	2 小匙
糖	1 小匙
醬油	2 小匙
水	120 毫升

備料
Preparation

1 將切片年糕泡冷水10分鐘使其變軟。（圖1）
2 白菜洗淨切絲。（圖2）
3 乾香菇洗淨泡熱水，變軟後去蒂切絲，香菇水留下備用。
4 筍去皮，修整後切絲，放入滾水煮熟去「生味」。（圖3）

做法
Practice

1 熱鍋冷油下豬肉絲翻炒至熟。
2 加進料理酒去腥後取出。
3 在原先油鍋下筍絲、香菇絲翻炒幾下，將白菜絲放入。
4 加香菇水、半碗白開水，加鹽燜煮。（圖4）
5 白菜變軟爛後，倒入年糕翻炒。（圖5）
6 加少許醬油或糖調味即完成。

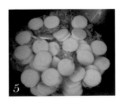

🍲 **煮夫的好吃秘訣** ╱ 年糕要以冷水泡軟！

年糕本身就是熟的，所以燒煮的過程不用太久，只要軟了就行。泡年糕不用熱水，熱水的高溫會讓年糕變糊，這樣炒出一鍋米餅，雖然不影響口味，但是就難看了。湯年糕要加鹽，就像排骨湯一定是白白的。炒年糕加鹽或加醬油隨意，我還是會用醬油，喜歡它的香。

我家的炸醬麵

自己在家煮最能感受到麵香、醬濃和純粹的好味道。

所有麵店，不管台式、外省的，炸醬麵都是受歡迎的主要麵食，我也好愛炸醬麵，覺得二伯父家的最好吃！

很多人喜歡的老北京炸醬麵對我來說味道有點兒太重，太鹹到沒了香。很多地方的炸醬麵裡有著各種各樣的食材，對我來說也太複雜。我喜歡家裡的味道，單純又不太鹹，要吃的時候加些豆芽、黃瓜絲再加點毛豆，點幾滴白醋就完美了。這道菜我是跟大嫂學的，只要吃過的都會豎起大拇指！

材料
Material

（3～4人分）

Ⓐ**食材**

豬絞肉	500 克
蔥末	3 支
薑末	1 小碗
小黃瓜	1 根
豆芽菜	1 包
毛豆	50 克
麵條	1 把

Ⓑ**調味料**

甜麵醬	1 罐
味噌	1 大匙
糖	1 大匙
米酒	少許
白醋	少許

備料
Preparation

1 將所有食材準備好。（圖1）
2 蔥、薑切末備用。
3 小黃瓜洗淨切絲。（圖2）
4 豆芽菜洗淨瀝乾並汆燙至熟。
5 毛豆洗淨後汆燙至熟。（圖3）

做法
Practice

1 熱鍋冷油，下蔥薑末爆香。（圖4）
2 接著，將豬絞肉倒入鍋內，翻入炒至熟加米酒後盛出。（圖5）
3 原鍋加一些油下甜麵醬、味噌炒香，加糖調味，將炒好的肉末入鍋炒勻即可。（圖6）
4 起一鍋熱水，將麵條稍微抖鬆後，放入滾水煮熟。
5 將麵條瀝乾後，放入碗內，淋上肉醬及滴點白醋，擺上小黃瓜絲、豆芽菜和毛豆即可上桌。

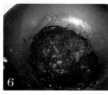

煮夫的好吃秘訣／薑要剁碎，配菜可依個人喜好調整！

薑末要剁碎些，要薑的香味可是不要吃到滿口薑。油可以多些，這樣在拌麵時不用再加麻油了。配菜我是喜歡豆芽跟黃瓜絲，就要看個人喜好了。白醋有提香的作用，我常常都會加一些，提升香氣味道。

外婆的麵疙瘩

自己做麵食，傳承家鄉的經典美味！

上海人是不會擀麵、和麵的，難得在家裡包一頓餃子，也一定是市場買來的皮子。說上海人不愛吃麵食，那也不對，只是不在家做。

家裡備一袋麵粉用來做什麼？可以攤張餅或者做個麵疙瘩，算是上海人對麵食的最高境界了！

外婆做的麵疙瘩有兩種底料——白菜切絲或青江菜（青菜），就是先前介紹的爛糊肉絲和爛糊麵的做法，因為這是最快速的方法了。還記得，每次外婆做這個給我們吃，孩子們都站在鍋邊懇求外婆把麵疙瘩做大一點，外婆總是笑著說：大了就不是麵疙瘩，是「小黃魚」了！

材料 Material	Ⓐ食材		Ⓑ調味料
	麵粉	300 克	鹽 ⋯⋯ 1 匙
	水	200 毫升	

（3～4 人分）

備料 Preparation

1 將麵粉加鹽和水調成糊狀。
2 湯底材料，作法請參考：爛糊肉絲（白菜）P40，爛糊麵（青江菜）P94（圖1）。

做法 Practice

1 將爛糊肉絲煮好後，在滾的同時，準備做麵疙瘩。
2 一手將碗斜拿將麵糊頂到碗口，另一手用一根筷子沿碗口輕輕滑過
3 一次一個麵糊直到麵糊用盡。（圖2）
4 早放入的麵糊已結成麵疙瘩，後面的還沒好，稍微從底部翻動一下，大火再滾一下就可以起鍋了。（圖3）

煮夫的好吃秘訣 / 要順鍋方向撥，不要只在同地方下麵糊！

這個湯底我講的簡單，其實可以用任何湯底來做麵疙瘩，我這次就用爛糊肉絲或爛糊麵的料做底，主要就是將麵疙瘩做法講清楚。重點是麵糊千萬不要太稀，否則變成一鍋麵粉湯。其次在撥麵糊時，要順鍋方向撥，不要一直在同一個地方下麵糊，不然麵疙瘩疊起來變成千層餅了！

丈母娘的私房酒釀

丈母娘的拿手絕活，乾脆拜師學起來分享給大家！

　　酒釀也叫「醪糟」，是天然發酵形成的，現在講起來也算是個健康食品哦！酒釀除了當甜食煮湯圓或直接煮蛋（水波蛋或蛋花）以外，也可以做為干燒明蝦、鯧魚等料理的重要調味。嫌煮麻煩可以放在冰箱，舀個一勺直接吃或加點牛奶，冰的熱的都好喝，天然發酵可以健胃整腸，天天順暢。

| 材料
Material

（3～4人分） | Ⓐ食材
圓糯米 ⋯⋯⋯⋯ 3台斤
酒麴子 ⋯⋯⋯⋯ 1顆 | 備料
Preparation | 1 糯米洗淨泡水 8～12 小時，拿出一粒一捏就碎就可以。（我是晚上洗好直接過夜就行）。 |

做法
Practice

1 將糯米瀝乾水分，放入蒸籠中紗布上，開大火水滾蒸 15 分鐘後，轉小火繼續蒸 30 分鐘。期間稍微開鍋看是否太乾可以稍微淋一些水。

2 待米粒蒸至膨脹透亮，取出放涼後倒入大鍋中。

3 放涼後，加飲用冷水（熟）並用手輕輕搓飯，用手小力搓洗成粒狀，不要一坨一坨的，讓它粒粒分明但不可見水在鍋底。

4 另拿一個小碗，將酒麴搗碎並用水化開。

5 將酒麴水倒入飯中均勻拌好，並稍稍壓緊後，在中間挖個洞。（圖1）

6 將鍋蓋蓋上，用棉被包裹放至陰暖處，第一天過後洞中就會開出酒了，三天後成功。

7 分幾個小罐子裝盛，分送親友。（圖2）

 煮夫的好吃秘訣 ／ 跟著 SOP 做一定會成功，中間不能開蓋偷看！

做酒釀是個 SOP，跟著程序做一定成功，最重要的是米要泡開，蒸時一定要無水，洗糯米飯後鍋底不能見水，挖洞後也不見水，棉被捂三天一定完成。酒麴子台灣很多雜貨店或者市場都有賣，不是難題，困難的是捂在那邊會忍不住去打開蓋子看看狀況，一看就完了，中間一開鍋它就不再發酵，所以一定要忘了它的存在！

CHAPTER 4

功夫大菜

匯集老上海的好味道,一解食鄉愁!

用料理串起親友的情感,
也串起我與上海的食緣。

蔥烤鯽魚

上館子必點的江浙菜，對我來說蔥是主角，魚是配角！

　　小時候跟長輩上館子必點的一道菜，江浙館沒這個也就不能算江浙菜了，有些餐廳不會做，亂做一通也要擺得很專業以表示他們的道地，反正吃蔥烤鯽魚的不只江浙人，不一定大家都計較味道、做法。

　　我愛吃這道菜但又討厭刺，鯽魚的小刺實在太多，我伺候不了，但味道好所以仍有很多人喜愛！對於我來說，蔥烤鯽魚的主角是蔥，最入味的就是蔥了，所以越多越好。今天的蔥烤鯽魚，還是請太太多吃點兒魚，我吃蔥就好！

材料 Material （3～4人分）	Ⓐ食材		Ⓑ調味料	
	鯽魚	2 條	醬油	2 大匙
	蔥	1 大把	糖	1 大匙
	八角	2 顆	白醋	2 大匙
	薑片	2 片	黃酒紹興酒	2 大匙

備料 Preparation

1 將所有食材洗淨準備好。（圖1）
1 鯽魚洗淨，兩面各開兩刀後用醬油、白醋、黃酒及八角醃漬放冰箱1小時，翻一面再醃1小時。（圖2）
2 蔥洗淨切段（不切整根也行）。
3 熱鍋用薑片塗抹以免粘鍋。

做法 Practice

1 準備一鍋熱油，用紙巾將醃好的鯽魚兩面擦乾，魚下油鍋。（圖3）
2 轉鍋讓魚全部炸透炸酥，再翻面一樣炸透炸酥後小心盛出。
3 下蔥段中火至微微變黃，將魚放入在蔥上面。（圖4）
4 放入2大匙黃酒、1碗水、2大匙醬油、1大匙糖調味。（圖5）
5 大火收乾汁水盛出，將蔥擺在魚上完成。（圖6）

🍳 **煮夫的好吃秘訣 ／ 燒到魚刺可以一起吃！**

這菜並不難，只要按照這個做法永遠是這味道，一點甜、一點鹹、濃濃蔥香。前面醃魚時會用很多白醋，用意在於能將魚刺泡軟，炸透後小魚刺就可以吃了，如果刺還是很多，我覺得應該是醃的時間太短了！還有一個可能，鯽魚太大了，市場怎麼買不到小一點的鯽魚呢？外婆燒的可以連刺一起吃，現在很難吃到了！

媽媽的獅子頭

肉丸子家家都做，叫法各有不同，上海媽媽做的一定叫獅子頭。

上海人吃獅子頭只會用兩種菜，也是兩種不同的做法。大白菜或青江菜（青菜），大白菜是砂鍋獅子頭，青菜是紅燒獅子頭。

在上海家家都會做，我媽媽做的獅子頭規矩最大，用手捏好肉丸後，雙手必須要丟一百下，其實只是要把裡面的空氣打掉，根本沒必要那麼辛苦的一二三四算一百下。小時候我不喜歡吃肥肉，媽媽就用豆腐或者麵包碎拌進去，這樣不用太肥還是會有軟軟嫩嫩的感覺。

今天說的是上海獅子頭，不是揚州的「葵花大斬肉」，沒那麼講究，也沒那麼複雜的還要雞湯、蛤蜊等等食材增加鮮味。上海的家常菜就是要簡單好吃，就是要媽媽的味道！

材料 Material （3～4人分）	Ⓐ食材			Ⓑ調味料	
	豬絞肉	2盒	蔥末 少許	醬油	適量
	（肥6：瘦4）		薑末 少許	鹽	適量
	大白菜	半顆	香菇 少許	糖	適量
	老豆腐	1小塊	干貝 少許	米酒	適量
				小半碗水	半碗

備料
Preparation

獅子頭做法

1 準備一個大碗，將絞肉倒入碗中，加醬油、米酒、少許鹽、糖。（圖1）

2 再加入蔥薑末、豆腐壓碎拌入肉末中，用筷子（用手抓也行，因為手的溫度會讓效果更好）順向攪拌摔打，稍微加水至肉末發黏上勁，這時肉中細胞蛋白質破裂，會更加吸水，也會更嫩。

3 拌好後冷藏1～2小時使肉丸凝固。（圖2）

4 香菇、干貝泡軟，備用。

做法
Practice

1 將冰好的獅子頭放置室溫，起油鍋熱油後改小火開始炸獅子頭，用手捏成圓球狀，雙手互丟至肉丸緊實後小心下鍋，慢慢放，一次不要炸太多顆……，小心翻至全部表面都固定不會散開並炸熟，開大火吐油後立刻取出。（圖3）

2 取一砂鍋，鍋底稍微上一層薄薄的油，加水。

3 洗淨的大白菜用手撕成片片，均勻擺在砂鍋中。

4 將炸好的獅子頭擺入白菜上，再推疊上一層白菜。（圖4）

5 加水、醬油、糖及香菇、干貝等燉至白菜酥爛，即可上桌。（圖5）

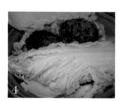

🍲 **煮夫的好吃秘訣** ╱ 想讓獅子頭軟嫩的秘訣不是粉，而是放豆腐！

獅子頭看似簡單，其實做的好吃軟嫩並不容易。為了增加口感，很多人還會加雞蛋、生粉（太白粉）甚至麵粉，我建議不需要，加了粉往往會讓肉質變硬，反而反效果。

老豆腐就是鹵水豆腐，味道比較重，所以要一些蔥薑及酒來壓壓味，不過蔥薑不用多。

它軟嫩的原因在加水跟攪拌，水一定要加，攪拌一定要讓肉發黏上勁。我更偏好用手拌肉，手上有溫度，會更好的讓肉上勁。接著摔打也很重要，肉裡的空氣打掉了，做出來的肉丸子會更緊實些！

兩筋一
（油豆腐細粉、雙檔湯）

三者稱呼不同，實際上大同小異，那些微差異待我娓娓道來……

「油豆腐細粉」，是一般江浙人的小食，以百頁包、油豆腐、粉絲組成，隨便一個小店大概都可吃到，大多以清湯榨菜蝦皮調味。

「雙檔湯」則是我是在九零年初在香港吃到，是以百頁包、油豆腐塞肉、粉絲組成，以紅湯熬成。為啥叫雙檔，據說因為一碗裡有兩個百頁包，兩個油豆腐塞肉。

要說兩者最大的差異，我猜應該是湯頭吧；而在台灣所謂的江浙名菜「兩筋一」，好像就是將油豆腐塞肉改成了油麵筋塞肉，為了突顯它的有名，現在又在裡面加上鹹肉、扁尖、青菜……，最後用個雞湯做底，成為一道名菜了！而我要做的是結合油豆腐細粉的湯頭，搭配雙檔的兩種塞肉，讓口味更升級。

材料 Material （3～4人分）	Ⓐ 食材		Ⓑ 調味料	
	豬絞肉	200 克	鹽	1 匙
	油麵筋	數個	糖	1 匙
	油豆腐	數個	醬油	1 匙
	百頁	2 張	米酒	1 小匙
	（一張可以做四個百頁包）		白醋	少許
	香菇	4 個		
	粉絲	1/2 把		
	扁尖筍	少許		
	鹹肉	1 小塊		
	薑	1 片		
	蔥	1 小把		

備料
Preparation

1 取一個大碗放入豬絞肉，加鹽、糖、醬油、米酒和薑味拌勻。（圖 1）
2 取適量塞入油麵筋、油豆腐和百頁包。（圖 2）
3 扁尖筍泡水去去鹹味。
4 香菇泡開，香菇水保留。（圖 3）
5 粉絲泡軟。
6 將所有食材備妥。（圖 4）

（百頁包法）
1 將百頁皮攤平，肉餡放於一邊。（圖 5）
2 往前摺過去，兩邊開口往內摺、收口。（圖 6）

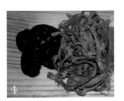

百頁結燒肉

經典江浙菜，難度之低是絕對能達成的好菜

　　百頁又叫「千張」，也有人叫豆皮。記得以前在家時跟外婆一起打百頁結，實在很麻煩，弄破了還要吃「麻栗子」（就是被食（中）指曲起來敲腦袋或額頭，上海人叫「吃麻栗子」）。現在方便了，到處都有現成的百頁結賣，省了多少事啊！

　　五花肉，這個可肥可瘦，看個人喜好了，對我來說它只是個配角。難度零分，味道一百的好吃料理，為啥不常常擺上餐桌？我都一次燒一大鍋，分幾個小盒放些在冷凍，燒一次吃好幾餐，是省瓦斯的好方法！

材料 Material （3～4人分）	Ⓐ食材 五花肉 ———— 1 條切塊 百頁結 ———— 20 個 八角 ———— 3 顆 桂皮 ———— 1 片 蔥結 ———— 1 小把 薑塊 ———— 1 塊	Ⓑ調味料 小蘇打 ———— 1 小匙 料理酒 ———— 1 匙 醬油 ———— 2 大匙 冰糖 ———— 手抓 1 把

備料 Preparation

1 百頁結用蘇打水，在碗中浸泡一下，再用清水洗淨。
2 五花肉在冷水中加米酒，加熱煮滾後去沫，洗淨切塊。（圖 1）
3 準備一壺熱水。
4 將所有食材備好。（圖 2）

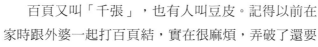

做法 Practice

1 起油鍋放入 3～4 匙油，小火下冰糖炒糖色。（圖 3）
2 下五花肉，加醬油幫肉上色。（圖 4）
3 加入熱水蓋過肉，將八角、桂皮、蔥結、薑塊放入，並加少許米酒。
4 中火滾 20 分鐘左右，加入百頁結一起翻炒。（圖 5）
5 倒入燉鍋中燜煮 20 分鐘，開鍋蓋大火收汁完成。（圖 6）

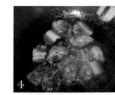

> **煮夫的好吃秘訣／** 用冰糖上色，紅燒肉才會油亮好吃。
>
> 這菜實在沒有什麼特別要注意的，不太會失敗，只是在熬糖色的時候還是要注意火候，別燒焦了，我建議用冰糖，上色比較漂亮。另外加水一定要用熱水，冷水下鍋肉一激就緊了，變硬就不好吃了。

正宗雙冬烤麩

上海人不可缺少的頭盤菜，簡單卻豐盛的一碗。

　　記得我九零年初來到上海時，到和平飯店吃飯，想點個八寶辣醬，飯店找了廚師出來告訴我，這種菜在酒席裡是上不了檯面的。奇怪的是，更簡單的烤麩倒是每次酒席中不可缺少的頭盤（冷菜），可見烤麩在上海人心中是有它的重要性。

　　很多人都講四喜烤麩、五香烤麩、什錦烤麩……，意思就是加上黃花菜（乾金針菇）、黑木耳、花生，甚至豆乾、毛豆。我喜歡簡單些，就用雙冬（冬筍及冬菇）就好，感覺更貴氣些，這種小菜就是要擺上桌時看來不一樣嘛！

 材料
Material

（3～4人分）

Ⓐ **食材**
烤麩⋯⋯⋯⋯10～20個
乾香菇（花菇）10～15朵
冬筍⋯⋯⋯⋯2根

Ⓑ **調味料**
醬油⋯⋯⋯⋯3～4大匙
糖⋯⋯⋯⋯⋯1～2大匙

備料
Preparation

1 將所有食材準備好（圖1）
2 將烤麩沖水、換水，再泡水半小時後用手撕成塊狀，再用熱水煮透後，沖涼捏乾。（台灣的烤麩其實就已經很白很軟了，可以不用泡那麼久。）（圖2）
3 起一鍋多放油，用小火將烤麩炸至金黃色取出放涼。（圖3）
4 冬筍剝皮去掉外面老的部分，熱水汆燙煮滾後，取出洗淨切滾刀塊。（圖4）
5 香菇泡水泡軟將蒂去掉，保持香菇仍是一朵完整。

 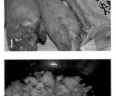

做法
Practice

1 將原先炸烤麩的油倒出，剩下一點用來炸冬筍至表面稍黃。（圖5）
2 下香菇翻炒一下即可放入烤麩，加水，將泡香菇的水一起倒入淹過食材。（圖6）
3 加醬油及糖調味，大火收汁完成。

🍲 **煮夫的好吃秘訣** ╱ 3大重點，讓料理層次更豐富！

烤麩就是要吃鹹甜口味，所以糖不妨多放些。此料理有3大重要的事情一定要注意。首先，烤麩一定要洗淨、泡軟、煮透、炸透，一面除去麵筋的味道，一面再炸透，這樣後面燒的時候才能入味。第二，筍要稍稍焗一下，會更香。香菇一定要用乾的，鮮菇就不香了，還有如果能夠選到都差不多大小的香菇，除了去蒂以外就不必再切了，一朵一朵還是漂亮的。第三，烤麩必須用手撕，一用刀切上了刀氣烤麩就不好吃了。

一品鍋

家裡的「扛霸子」好湯，學起來以後請客就有面子。

　　這是我在 1992 年來到上海後才喝到的雞湯，首先它不是各個餐廳都有，其次就算有，也得兩天前預訂才有，那才叫一個「鮮」！這道菜很適合當家裡請客的「扛霸子」好湯。

　　這湯一點都不油，只有食材的鮮味，也就不用再畫蛇添足加味精之類的調料。加點大白菜或青菜也好吃，下碗麵或加幾個餛飩也好吃，只要是清淡的食材，擺進去都會吸一些湯的鮮味。

材料
Material

（3～4人分）

Ⓐ **食材**

老母雞	1 隻
蹄膀	1 個
金華火腿	1 塊
蔥結	1 把
薑	1 大塊

Ⓑ **調味料**

鹽	1 匙
米（黃）酒	少許

備料
Preparation

1　老母雞、蹄膀及火腿皆需用水煮滾洗去血水與腥味。（圖 1）

做法
Practice

1　將老母雞、蹄膀、金華火腿一起放進鍋中，加冷水蓋過食材。
2　放入蔥結、薑塊和黃酒。（圖 2）
3　大火滾開轉小火，燉 2～3 小時後關火放涼。
4　將浮在上面的油撇去，再開火大火煮滾後小火一直續熬 2 小時。（圖 3）
5　等到老母雞及蹄膀骨肉分離即成。（圖 4）
6　加少許鹽提味即完成。

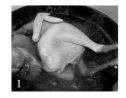
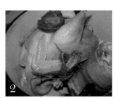

🍲 **煮夫的好吃秘訣** ╱ 隔夜撇油，讓湯頭鮮而不油膩！

這麼澎湃的湯其實不難，要的只是功夫深，時間一到它自然成。小火慢燉的意思就是看湯面不滾，這在上海人講起來叫「篤」，火大了湯也乾了。另外隔夜撇油是傳統，現在放冷了進冰箱冰一下油就結起來了，更方便了許多。至於裡面的食材吃不吃，那就看你是不是食肉一族了。

蘿蔔絲鯽魚湯

材料簡單容易做，是特別適合秋冬進補的湯品！

　　不知道你有沒有喝過這個湯，簡單養生又好喝，家裡要多個選擇，養生不是只能靠藥燉，天涼了，常常來補一下。

　　一般來說，只要鯽魚、蘿蔔絲這 2 種基本食材就可以了，但我加了一些黑木耳，為了好吃、為了好看、也為了健康。秋冬是吃鯽魚的好時間，這時的鯽魚特別肥美，而且它還有清熱解毒、降膽固醇、降血壓的功效。我也怕刺，真不行多喝點湯吧，總有愛吃魚的在等著呢！

材料 Material
（3～4人分）

Ⓐ 食材
鯽魚	1 條
白蘿蔔	1/2 顆
黑木耳	少許（選配）
蔥	1 小把
薑	1 塊

Ⓑ 調味料
鹽	1 小匙
米酒	2 大匙
白胡椒粉	適量

備料 Preparation

1 將所有食材備妥。（圖 1）
2 鯽魚洗淨後，於兩面各用刀斜開三刀。
3 白蘿蔔削皮切絲（最好不要刨絲，會太碎了），黑木耳泡軟後撕成小片。（圖 2）
4 熱鍋用薑片擦拭鍋面以免沾鍋。
5 將魚兩面用廚房紙巾擦乾。

做法 Practice

1 將油倒入擦過薑的鍋中，並將擦乾的魚放入。（圖 3）
2 一面充分炸酥後，小心翻面再炸另一面，將兩面炸酥後將魚取出。
3 將鍋中多餘的油倒出，再將炸好的魚放入，加入 3 大碗冷水。
4 放入蔥薑、米酒、蘿蔔絲及黑木耳，用大火燒開，小火燉煮 20 分鐘。（圖 4）
5 開鍋加鹽調味，加白胡椒粉完成。（圖 5）

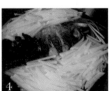
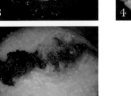

🍲 **煮夫的好吃秘訣／**鯽魚要炸透，骨頭要酥才會好吃！

重點時間又到了，首先鯽魚要炸透，這樣才能定型，煮湯時不會散，而且炸透骨頭會酥，鯽魚的刺是很恐怖的。煮湯一定要冷水下鍋開始煮，這樣魚湯才會變得白白的，漂亮！

牛肉明治

我家的私房菜，長輩小孩都很適合吃！

　　我家裡從小就有這道菜，做法很簡單，但除了在家從來沒在任何地方看到過。我外婆愛吃，我也愛吃，我家小朋友也愛吃！適合沒牙的、有牙的……，雖然賣相不太好看，但是就是好吃。

　　九零年初來到上海，一次去當時有名的餐廳吃飯，居然看到這個菜，名字很直接，就叫「牛肉土豆泥」，我才知道上海菜真有這一味，現在連超市都有賣即食包裝的，而且可以有各種做法，雞肉、雜菜，甚至香蕉、蘋果……！

　　外婆告訴我，她年輕時在上海，因為都是租界，所以在這裡的上海人也覺得比其它地方的人要高大上（高端大氣上檔次）些，總是覺得自己洋裡洋氣，想學學洋人吃西餐，很多又吃不來，那怎麼辦呢？聰明的上海人就改良成了自己的上海菜了。

材料 Material	Ⓐ 食材		Ⓑ 調味料	
	馬鈴薯	1～2 個	醬油	1 大匙
	牛肉末	1 碗	鹽	1 匙
			糖	1 小匙

（3～4 人分）

備料 Preparation

1. 馬鈴薯削皮，切塊泡水去一下澱粉質。
2. 放入鍋中蒸透搗成薯泥後，加一點點鹽跟油拌勻後擺盤備用。（圖 1）
3. 牛肉末用醬油及油醃漬。（圖 2）
4. 將所有材料備齊。

做法 Practice

1. 熱鍋冷油，將醃好的牛肉末下鍋煸炒熟，並再加入醬油及糖。
2. 將炒好帶有湯汁的牛肉末，淋上已經擺在盤中的薯泥上完成。（圖 3）
3. 吃時再將牛肉與薯泥拌勻即可。

 煮夫的好吃秘訣 ／ 不要把薯泥搗太碎，跟牛肉末一起入口才搭配！

馬鈴薯泡水是可以去一點澱粉，這樣感覺起來就不會那麼粉。我不會把馬鈴薯搗的太碎，那麼細的薯泥吃起來口感太綿密跟牛肉末就不太搭了，見仁見智囉！

干燒酒釀明蝦

這是我家請客的大菜，一定是貴客才會吃到這道菜！

　　小時候每每看到這道菜上桌時，都會覺得有一種過年的感覺，因為它漂亮，味道也好，一大盤看起來就熱鬧，就算小朋友吃個明蝦也不是太麻煩的事，甜滋滋的非常好吃，有蕃茄醬的果甜，有酒釀的糯甜，當然還有明蝦的鮮甜。

　　吃完了蝦，如果能再下一把麵在湯汁裡拌拌，又是一碗好吃不得了的麵。換種方式，切片的法國麵包來沾也是 Yummy ！ Yummy ！

材料 Material （3～4人分）	Ⓐ **食材** 明蝦————6～8 隻 酒釀————1 碗 蔥————1 支 薑————2 片	Ⓑ **調味料** 番茄醬————半碗 醬油————1 大匙 白糖————少許 米酒————1 大匙

備料
Preparation

1 剪去明蝦的鬚腳，在蝦背上剪開一刀將腸泥挑出（可用牙籤）。
2 將蔥切末、薑切末。
3 將所有食材備妥（圖1）

做法
Practice

1 起油鍋，約四五大匙油，將蝦下鍋變紅即取出。（圖2）
2 原鍋下蔥薑末稍微爆香，下酒釀充分炒開。（圖3）
3 加番茄醬及醬油、糖、少許水調味。
4 將明蝦放入小心收汁，不要亂翻以免蝦斷掉，稍稍收汁後即可取出。（圖4）

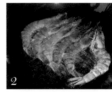

🍲 **煮夫的好吃秘訣** ／ 可依據酒釀的味道，再做適當調味！

不曉得怎麼樣才能將這道菜燒失敗，因為實在太簡單，拿出來又是一道大菜，划得來吧！
我的酒釀（見 P91）是自己做的，本身就很甜，不需要再加糖了，外面買的有時偏酸，就必須稍稍調味。
水也是，如果酒釀本身水多，也就不是一定要加的。重要的是炸蝦，前面放進油鍋時看變色就翻面，兩面都紅就立刻起鍋，因為後面還要燒，別過頭了。如果蝦肉太硬，雖然味道很棒還是會有點小遺憾吧！

醉蟹

大人版的人間美味，自己做最省錢。

　　小時候家裡偶爾會有叔伯阿姨等長輩友人，送來醉蟹給外公外婆。每次看到在晚上外公外婆開始準備老酒，擺開小菜就知道兩位又要開始享受美食了。小時候我不敢吃，覺得生的螃蟹怎麼吃啊！長大才知道，這真可說是人間美味。

　　外面專吃蟹宴的餐廳有賣醃好一罐一罐的，一罐沒幾隻，動輒八九百元人民幣左右，每次做這個都覺得自己賺到了。醉蟹是我一位長輩教的，我太太非常熱衷此味，那我也就跟著吃嘍！

材料 Material （3〜4人分）	Ⓐ **食材** 大閘蟹⋯⋯⋯⋯4隻（雌） 花椒⋯⋯⋯⋯⋯少許 薑⋯⋯⋯⋯⋯少許 八角⋯⋯⋯⋯⋯少許	Ⓑ **調味料** 黃酒⋯⋯⋯⋯⋯適量 醬油⋯⋯⋯⋯⋯適量 冰糖⋯⋯⋯⋯⋯適量

備料
Preparation

1 將大閘蟹泡清水數小時，並用刷子將蟹的大鉗子有毛的部份刷淨。
2 將調味料、食材備齊（圖1）

做法
Practice

1 取出後用高度二鍋頭（高粱）稍微沖螃蟹，保證它更乾淨些，再放在乾的地方去除水份。
2 將調味料一起放入準備好的瓶（罐）中，加上黃酒及醬油，黃酒要多，醬油不必太多。（圖2）
3 把大閘蟹一隻隻放入瓶中，只要確保黃酒、醬油要淹過蟹就行了。（圖3）
4 關蓋擺在冰箱一週後就可以吃了，擺的久一點也沒問題。

🍲 **煮夫的好吃秘訣** ╱ 千萬不要碰到油，就能保持很久。

大閘蟹要洗淨，所以我都用清水泡幾小時後還用白酒洗洗，畢竟是生的，要注意衛生。這個醃料不要碰到油，可以保存很久。另外有些喜歡加些乾辣椒或香葉都好，只要你喜歡。最重要的事情，雖然雄蟹雌蟹都可以做醉蟹，但是毛蟹要雌的，蟹黃才結的起來，黃黃的非常漂亮。我太太上次不知道搭錯了哪根筋，堅持要用雄蟹來醃醃看，結果開了蟹殼裡面汪洋一片，我的老天爺啊！

↑雌蟹有滿滿的蟹膏。

醃篤鮮

上海湯品的代表，喝過的人那滋味難以忘懷！

我覺得最能代表上海的湯，第一名一定是「醃篤鮮」，雖然是個人看法，不過它的名字讓所有聽過、喝過這湯的人永遠忘不掉，也算是取了個好名字吧！

「醃篤鮮」的名稱就是由它自己出來的，醃指的是鹹肉，鮮就是春筍，篤就是小火慢燉，這個湯出來時應該是晶亮透明的，有些人喝到的是混混的奶油色，那是大火燉出來的，這就少了「篤」的感覺，未免有點兒浪費。

這是春天的湯，要在春筍剛上市時開始喝，才有真正嚐到鮮的感覺，好多老店就是堅持只在春筍季節賣這湯，我很欣賞他們的堅持。不過我等不及了，冬筍現在蠻好，就充充數吧！

材料
Material

(3～4人分)

Ⓐ **食材**

春筍	3～4 根
五花肉	1 條
鹹肉	1 塊
百頁結	20 個
蔥結	1 小把
薑片	2 片

Ⓑ **調味料**

米酒	1 小碗
鹽	少許

備料
Preparation

1　五花肉冷水煮透，洗去血水切塊。（圖1）
2　鹹肉切薄片。
3　筍去皮後，以熱水汆燙，取出切滾刀塊。
　　（圖2）
4　百頁結熱水中煮一下去豆腥味。
5　將所有食材準備好。（圖3）

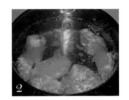

做法
Practice

1　起一大鍋，將五花肉及鹹肉放入大鍋中，
　　倒入水淹過材料。
2　開始燉煮，加蔥結、薑片、少許米酒，
　　大火滾後小火燉半小時。（圖4）
3　將筍放入，續燉半小時加入百頁結，再
　　燉 20 分鐘嚐嚐味道，如太淡稍微加點
　　鹽，即可起鍋。（圖5）

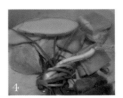

🍳 **煮夫的好吃秘訣**／一定要小火慢燉，讓湯頭清清如水才是王道！

鹹肉稍微泡水，大約 20 分鐘，可以去掉太鹹的味。筍跟百頁結一定要熱水汆燙過，不要偷懶。
篤是一種境界，這一碗湯煮出來必須是清清如水的，這就是篤的功夫。如果燒出來的湯是這樣
的，記得給自己拍拍手！

六月黃炒年糕

老饕們的最愛，餐廳大菜三兩下就可以開飯囉！

　　七八月份，「六月黃」剛剛開始上市。就是 Baby 大閘蟹，大閘蟹每年都在九月下旬上市，是老饕們的最愛，在這之前的六月黃，味鮮殼軟，拿來炒年糕，更是特別。

　　其實作法很簡單，所以想在家吃到餐廳菜其實很容易。你可以學店裡在燒菜時加些胡蘿蔔絲，起鍋會加些蔥花，放點兒香菜配色，而我因為是在家裡吃就不用那麼講究了。小毛蟹本來就沒有什麼肉，拿來咬一咬，唆一下味道就好了，沒那麼麻煩的一點一點慢慢吃，因為小，所以價格跟它長大以後的大閘蟹也是天差地遠，因此趁便宜就多吃一點吧！

材料
Material

（3～4人分）

ⓐ **食材**
六月黃（小毛蟹）──2 隻
切片年糕──────半包
蔥────────2 支
薑片───────2 片

ⓑ **調味料**
麵粉──────1 小碟
醬油──────1 大匙
糖───────2 茶匙
蠔油（老抽）───1 匙
米酒──────1 大匙
太白粉─────1 匙

備料
Preparation

1 六月黃清洗去蓋後對切，將肺、心取出
  （肺不能吃，心性涼）。
2 將切斷面蘸麵粉。（圖 1）
3 年糕泡冷水。

做法
Practice

1 起油鍋，將蘸麵粉一邊放入油中定型並
  煎至發紅即取出。（圖 2）
2 原油鍋下蔥薑煸炒，再將螃蟹放入。
  加米酒、醬油、水及年糕。（圖 3）
3 如有老抽或蠔油可加少許上色，如無則
  直接加糖調味，蓋鍋燜 3 分鐘。
4 太白粉調成水下鍋勾芡完成。

🍲 **煮夫的好吃秘訣** ／ 新鮮的活蟹才能燒出好味道！

處理六月黃還是有些小地方要注意一下，首先要確保螃蟹是活的，蟹死了就不新鮮，其次
螃蟹的肺不能吃，一定要清掉，心是螃蟹最涼的部份，很多人都會在處理蟹的時候先把它
取出，不整隻螃蟹吃就不用擔心了。
再來就是麵粉（或太白粉）很重要，螃蟹切開的地方跟殼都要用來封一下，免得蟹黃（膏）
流失了。蔥薑跟米酒都在去腥，小毛蟹會比較有腥味，米酒可以稍微多些，在燒的過程中會
揮發掉的。年糕還是用寧波年糕才對味。

![瑞] 瑞春醬油

純釀醞味

醬香四溢

瑞春觀光工廠 雲林縣西螺鎮福田里社口68-31號　　TEL (05)5882288

請 貼 郵 票

橙實文化有限公司
CHENG -SHI Publishing Co., Ltd

221 新北市汐止區龍安路 28 巷 12 號 24 樓之 4
讀者服務專線：（02）8642-3288

請沿虛線剪下，對褶黏貼寄回，謝謝！

朱寶和——著

愛家好男人的 美味食記

煮夫的道地中式家常菜，一桌子好料搞定全家人！

愛家好男人的美味食記
——煮夫的道地中式家常菜，一桌子好料搞定全家人！

出版發行	橙實文化有限公司 CHENG SHI Publishing Co., Ltd 粉絲團 https://www.facebook.com/OrangeStylish/ MAIL: orangestylish@gmail.com
作　　者	朱寶和
總 編 輯	于筱芬　CAROL YU, Editor-in-Chief
副總編輯	吳瓊寧　JOY WU, Deputy Editor-in-Chief
責任編輯	陳多琳 Doreen Chen
美術編輯	亞樂設計有限公司
製版／印刷／裝訂	皇甫彩藝印刷股份有限公司
攝影（部分料理）	泰坦工作室
贊助廠商	瑞 瑞春醬油 西螺名產 RUEI CHUN SOY SAUCE
編輯中心	新北市汐止區龍安路 28 巷 12 號 24 樓之 4 24F.-4, No.12, Ln. 28, Long'an Rd., Xizhi Dist., New Taipei City 221, Taiwan（R.O.C.） TEL ／(886)2-8642-3288　FAX ／(886)2-8642-3298
全球總經銷	聯合發行股份有限公司 ADD ／新北市新店區寶橋路 235 巷弄 6 弄 6 號 2 樓 TEL ／(886)2-2917-8022　FAX ／(886)2-2915-8614

初版日期 2017 年 4 月

請沿虛線剪下，對褶黏貼寄回，謝謝！

讀 者 回 函

讀者資料（讀者資料僅供出版社建檔及寄送書訊使用）

姓名：＿＿＿＿＿＿＿　性別：＿＿＿＿＿＿＿

出生：民國 ＿＿＿＿＿ 年 ＿＿＿＿＿ 月 ＿＿＿＿＿ 日　電話：＿＿＿＿＿＿＿＿＿＿

地址：＿＿＿＿＿＿＿＿＿＿＿＿＿＿＿＿＿＿＿＿＿

E-MAIL：＿＿＿＿＿＿＿＿＿＿＿＿＿＿＿＿＿＿＿

您對本書的建議：＿＿＿＿＿＿＿＿＿＿＿＿＿＿＿

您希望看到哪些題材書籍：＿＿＿＿＿＿＿＿＿＿

買書抽好禮

❶ 活動日期：即日起至 2017 年 5 月 20 日

❷ 中獎公布：2017 年 5 月 30 日於橙實文化 FB 粉絲團公告中獎名單，請中獎人主動私訊收件資料，若資料有誤則視同放棄。

❸ 抽獎資格：購買本書並填妥讀者回函，郵寄到公司；或拍照 MAIL 到公司信箱。並於 FB 粉絲團按讚及參加粉絲團好禮相關活動。

❹ 注意事項：中獎者必須自付運費，詳細抽獎注意事項公布於橙實文化 FB 粉絲團，橙實文化保留更新此次活動內容的權利。

橙實文化 FB 粉絲團 https://www.facebook.com/OrangeStylish/

【瑞春】
松露醬油3入
限量 12 組